U0184259

现代水声技术与应用丛书

杨德森　主编

声 学 测 量

陈洪娟　张　强　郭俊媛　著

科学出版社
龙门书局
北　京

国家出版基金项目
NATIONAL PUBLICATION FOUNDATION

内 容 简 介

本书以水声换能器测试与计量技术为核心，兼顾电声和超声换能器测量与应用技术等内容，在介绍声学测量基本概念、测试方法、测试装置组成等经典内容基础上，着重给出了近年来有关矢量水听器及其基阵校准方面的研究成果，内容详尽、系统性强，同时给出了在超声应用方面有关超声电机的前沿研究成果。

本书适合从事矢量水听器及基阵测试与超声应用相关工作的科研人员使用，也可作为高等院校相关专业学生的参考用书。

图书在版编目（CIP）数据

声学测量 / 陈洪娟，张强，郭俊媛著. —北京：龙门书局，2023.10
（现代水声技术与应用丛书 / 杨德森主编）
国家出版基金项目
ISBN 978-7-5088-6349-8

Ⅰ. ①声… Ⅱ. ①陈… ②张… ③郭… Ⅲ. ①声学测量 Ⅳ. ①TB52

中国国家版本馆 CIP 数据核字（2023）第 188703 号

责任编辑：王喜军　高慧元　张　震 / 责任校对：崔向琳
责任印制：徐晓晨 / 封面设计：无极书装

科学出版社
龙门书局 出版

北京东黄城根北街 16 号
邮政编码：100717
http://www.sciencep.com

三河市春园印刷有限公司印刷
科学出版社发行　各地新华书店经销

*

2023 年 10 月第 一 版　开本：720 × 1000　1/16
2023 年 10 月第一次印刷　印张：15
字数：302 000

定价：138.00 元
（如有印装质量问题，我社负责调换）

丛 书 序

海洋面积约占地球表面积的三分之二，但人类已探索的海洋面积仅占海洋总面积的百分之五左右。由于缺乏水下获取信息的手段，海洋深处对我们来说几乎是黑暗、深邃和未知的。

新时代实施海洋强国战略、提高海洋资源开发能力、保护海洋生态环境、发展海洋科学技术、维护国家海洋权益，都离不开水声科学技术。同时，我国海岸线漫长，沿海大型城市和军事要地众多，这都对水声科学技术及其应用的快速发展提出了更高要求。

海洋强国，必兴水声。声波是迄今水下远程无线传递信息唯一有效的载体。水声技术利用声波实现水下探测、通信、定位等功能，相当于水下装备的眼睛、耳朵、嘴巴，是海洋资源勘探开发、海军舰船探测定位、水下兵器跟踪导引的必备技术，是关心海洋、认知海洋、经略海洋无可替代的手段，在各国海洋经济、军事发展中占有战略地位。

从 1953 年中国人民解放军军事工程学院（即"哈军工"）创建全国首个声呐专业开始，经过数十年的发展，我国已建成了由一大批高校、科研院所和企业构成的水声教学、科研和生产体系。然而，我国的水声基础研究、技术研发、水声装备等与海洋科技发达的国家相比还存在较大差距，需要国家持续投入更多的资源，需要更多的有志青年投入水声事业当中，实现水声技术从跟跑到并跑再到领跑，不断为海洋强国发展注入新动力。

水声之兴，关键在人。水声科学技术是融合了多学科的声机电信息一体化的高科技领域。目前，我国水声专业人才只有万余人，现有人员规模和培养规模远不能满足行业需求，水声专业人才严重短缺。

人才培养，著书为纲。书是人类进步的阶梯。推进水声领域高层次人才培养而支撑学科的高质量发展是本丛书编撰的目的之一。本丛书由哈尔滨工程大学水声工程学院发起，与国内相关水声技术优势单位合作，汇聚教学科研方面的精英力量，共同撰写。丛书内容全面、叙述精准、深入浅出、图文并茂，基本涵盖了现代水声科学技术与应用的知识框架、技术体系、最新科研成果及未来发展方向，包括矢量声学、水声信号处理、目标识别、侦察、探测、通信、水下对抗、传感器及声系统、计量与测试技术、海洋水声环境、海洋噪声和混响、海洋生物声学、极地声学等。本丛书的出版可谓应运而生、恰逢其时，相信会对推动我国水声事业的发展发挥重要作用，为海洋强国战略的实施做出新的贡献。

在此，向 60 多年来为我国水声事业奋斗、耕耘的教育科研工作者表示深深的敬意！向参与本丛书编撰、出版的组织者和作者表示由衷的感谢！

中国工程院院士　杨德森

2018 年 11 月

自　序

进入 21 世纪，随着矢量水听器应用技术的飞速发展，围绕矢量水听器水下电声参数以及矢量阵声学参数的测量方法和测量系统需求十分迫切，本书在作者团队近 20 年研究矢量水听器及其基阵校准方法和校准系统的基础上，结合水声换能器和电声换能器测量知识，较为系统地介绍目前声学换能器电声参数测量方法，同时为满足声学工程应用需求，以水声换能器互易校准方法和矢量水听器动态范围测量方法为例介绍声学计量中测量不确定度的评定方法，以及目前超声应用领域超声电机的发展与应用状况。

全书共 6 章，第 1 章简要介绍声学测量的基本知识，第 2、3 章介绍常用声学换能器，包括电声换能器和水声换能器。第 4 章是全书的核心内容，主要分为两个部分——矢量水听器的校准和矢量阵的测量。其中，矢量水听器校准方法介绍的是低频驻波管法，校准的参数包括灵敏度、指向性、相位、动态范围等，这里不仅介绍矢量水听器驻波管法校准原理和校准系统，而且详细论述影响矢量水听器驻波管法校准的各种因素；矢量阵的测量是以小尺寸面阵为例，系统介绍表征小尺寸面阵特性的参数及其校准方法，且对影响校准的因素进行分析，并给出实验验证结果。第 5 章以水声换能器互易校准方法和矢量水听器动态范围测量方法为例介绍声学计量中测量不确定度的评定方法。第 6 章介绍超声电机的分类、机电耦合能量转换机制以及一阶纵振模态蛙型和弯振复合型直线超声电机的设计实例。

全书由陈洪娟、张强和郭俊媛共同完成，其中，张强负责撰写超声电机部分，郭俊媛负责撰写矢量阵校准部分，陈洪娟负责撰写全书其他部分并统稿。特别感谢那些曾在哈尔滨工程大学工作和学习过的同志——张虎、范继祥、赵鹏涛、李长顺、成浩、李智、赵天吉、熊翰林和仝乐等，他们的前期工作为本书成稿做出了贡献。

本书成稿得到国家自然科学基金项目（52375529，51805105，11904065）等的支持，特此感谢。

由于作者水平有限，书中难免存在疏漏之处，恳请广大读者批评指正。

陈洪娟

2023 年 9 月 1 日

目　　录

第1章　声学测量基本知识

声学测量技术是对声学基本物理量及其衍生量进行测量与分析的一门综合测试与计量技术，是实际中解决声学问题的一种有效手段。通过对声学量的测量与分析可以对声有定量的认识，从而研究其规律，并使其得以有效应用。声学测量技术不仅促进了声学理论的产生、发展和进步，而且推动了声学应用技术的普及、推广和创新。

通常，描述声波的三个要素是波长、周期（或频率）和声速。波长是指声波在一个振动周期内传播的距离，用符号 λ 表示，单位名称为米，单位符号是 m。对于横波，它是相邻两个波峰或波谷之间的距离；对于纵波，它是相邻两个质点密部或疏部对应点之间的距离。声压周期是声波经过一个波长的距离所需要的时间，即质点振动恢复到原来的位置和方向的时间，用符号 T 表示，单位为秒，符号是 s。周期的倒数，即质点每秒振动的次数称为频率，用符号 f 表示，单位为赫兹，符号是 Hz。声速是声波在介质中传播的速度，用符号 c 表示，单位为米/秒，符号是 m/s。声速是一个与声波传播介质的物理特性有关的物理常数。

1.1　声压与声压级

声压是表征声波特性和研究声波规律的基本物理量，也是声学测量常用的基本物理量之一[1-3]。

1.1.1　声压及其单位

1. 定义

声压是指介质中有声波时的压强 P 与无声波时的静压强 P_0 之间的差值，用英文小写字母 p 表示，单位为帕［斯卡］，符号是 Pa。随时间瞬时变化的声压称为瞬时声压，在一定时间间隔 T 内，瞬时声压 $p(t)$ 对时间的均方根值称为有效声压 p，即

$$p = \sqrt{\frac{1}{T}\int_0^T p^2(t)\mathrm{d}t} \tag{1-1}$$

式中，T 为声压周期的整数倍时间或不致影响计算结果的足够长的时间。

2. 声压的表示方法

声压是时间与空间的函数，在声学测量领域中，通常对于声压物理量的研究是通过观察、测量在空间中某一点处其随时间的变化情况来确定的，这种以时间轴为横坐标表示声压信号的方法，称为声压的时域分析方法。时域分析方法与频域分析方法是对声压这类模拟信号进行观察的两种手段，频域分析方法是把声压信号以频率轴为横坐标表示出来的方法。一般来说，时域的表示方法较为形象与直观，频域分析则更为简练、剖析问题更为深刻和方便，然而它们是互相联系、缺一不可、相辅相成的。

1）声压的时域表示方法：时域波形图

声压信号在时域下的波形图可以反映出信号随时间变化的特征，如图 1-1 所示。

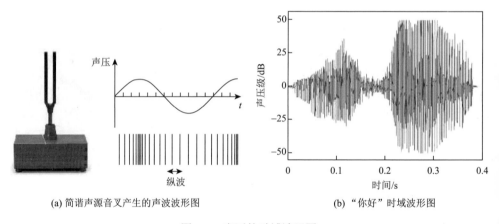

(a) 简谐声源音叉产生的声波波形图　　　　　　　(b) "你好"时域波形图

图 1-1　声压的时域波形图

最简单的简谐振动产生的声波，其时域波形图满足正弦（或余弦）函数曲线关系，图 1-1（a）是简谐声源音叉产生的声波波形图。在时域中任何复杂声源产生的声波波形都可以由 N 个正弦波的组合完全且唯一地来描述，例如，发出"你好"这个语音，其时域波形图见图 1-1（b）。

2）声压的频域表示方法：频域波形图

声压信号在频域下的波形图（一般称为频谱）可以显示出信号分布在哪些频率点上及其比例，是采用数学变换将时域信号变换成频域信号的，可以从另外一个角度展示信号的特征。图 1-2（a）是简谐声源产生的纯音信号频谱图，图 1-2（b）是信号发生器产生的方波频谱图。

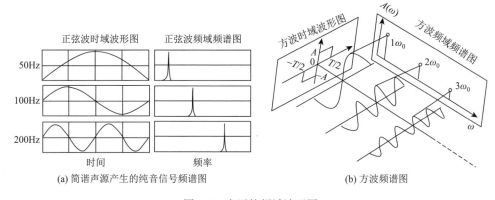

(a) 简谐声源产生的纯音信号频谱图　　　　　　　　(b) 方波频谱图

图 1-2　声压的频域波形图

1.1.2　声压级及其基准值

1. 声学量级

在声学测量中，声学量级是指一个声学量与其同类量的基准值之比的对数，即

$$L_X = \log_r \left(\frac{X}{X_r} \right) \tag{1-2}$$

式中，X 是某声学量；X_r 是某声学量 X 的基准值；L_X 是某声学量级。

声学量级的单位视对数底而定，若取以 10 为底的常用对数，则其单位为贝，符号是 B，但实际使用中常取其 1/10 作为级的单位，即分贝，符号是 dB；若取以 e 为底的自然对数，则其单位为奈培，符号是 Np。

2. 声压级

声压级是声学计量与测试中经常使用的一个物理量。

声场中某点的声压级可以表示为

$$L_p = 20 \lg \left(\frac{p}{p_r} \right) \tag{1-3}$$

式中，p 是测量点声压的有效值；p_r 是参考基准声压值；L_p 是测量点的声压级，单位为 dB。

在国际单位制中，水声采用的声压基准值为 1μPa，而在空气中为 20μPa。在给定声压级时须同时注明基准值，例如，如果水下某点处声压测量值是 1Pa，则其声压级为 $L_p = 120$dB（0dB re 1μPa）。

3. 噪声压谱级

对于随机噪声，式（1-3）描述的是其在某一带宽内的有效噪声声压级，也称为频带声压级。通常情况下，采用 1Hz 带宽内的有效噪声声压级来描述随机噪声，称为噪声压谱级，它定义为

$$L_{ps} = 20\lg\left(\frac{p_{\Delta f}/\sqrt{\Delta f}}{p_r/\sqrt{\Delta f_r}}\right) + 120 = L_p - 10\lg\Delta f \qquad (1\text{-}4)$$

式中，L_{ps} 是噪声压谱级，单位为 $\dfrac{\mathrm{dB}}{\sqrt{\mathrm{Hz}}}$；$p_{\Delta f}$ 是 Δf 带宽内的有效噪声压值，单位为 Pa；p_r 是参考基准声压值，单位是 μPa；Δf 是测量带宽，单位为 Hz；Δf_r 是基准带宽，定义为 1Hz；L_p 是 Δf 带宽内的频带声压级，单位为 dB。

1.2　质点振速与声强

1.2.1　质点振速

质点振速是指由声波的存在而引起的介质中尺度远小于波长但远大于分子尺度的质点相对于其平衡位置的振动速度，用符号 $\boldsymbol{u}$ 表示，单位为 m/s。质点振速是矢量值，即声场中任一质点的振速都是有方向的。介质质点的振动速度（质点振速）与声波的传播速度（声速）是完全不同的概念，不能混淆。

根据牛顿运动定律，声场中某一点的质点振速与声压有如下关系：

$$\rho\frac{\mathrm{d}\boldsymbol{u}}{\mathrm{d}t} = -\nabla p \qquad (1\text{-}5)$$

式中，ρ 是介质密度，单位为 kg/m³；∇p 是声压梯度。

式（1-5）又称为欧拉（Euler）方程，表示介质中质点的加速度与密度的乘积等于沿加速度方向的声压梯度的负值。如果是静止介质且在小振幅声场中，则式（1-5）有如下形式：

$$\rho\frac{\partial\boldsymbol{u}}{\partial t} = -\nabla p \qquad (1\text{-}6)$$

另外，在声学测量中还经常使用体积速度这一概念，它的定义是声波在指定表面 S 上单位时间内产生的交变流量，用符号 U 来表示，单位是 m³/s，该值可以由质点振速求得：

$$U = \int_S u_n \mathrm{d}S \qquad (1\text{-}7)$$

式中，u_n 是质点振速在面元 dS 法线方向的分量，单位为 m/s。

1.2.2　声强

　　声场中任意一点的声强是通过与能流方向垂直的单位面积的声能量的平均值。其定义式是取能流密度的时间平均值，用符号 I 表示，单位为 W/m²。

$$I = \frac{1}{T}\int_0^T p(t)u(t)\mathrm{d}t \qquad (1\text{-}8)$$

式中，$p(t)u(t)$ 表示声能通过单位面积的能流瞬时值，也称为瞬时声强 $I(t)$。

1.2.3　声功率级与声强级

1. 声功率级及其基准值

　　声源的辐射声功率级 L_W 定义为声源辐射声功率值与其基准值之比值的常用对数乘以 10，单位为 dB。

　　在水声学中，为了计算方便，通常将声功率基准值取为 1W。例如，如果某声源的辐射声功率为 100W，则其辐射声功率级等于 20dB（0dB re 1W）。

2. 声强级及其基准值

　　声场中某点的声强级 L_I 定义为该点的声强 I 与其基准值 I_r 之比的常用对数乘以 10，即

$$L_I = 10\lg\frac{I}{I_r} \qquad (1\text{-}9)$$

式中，声强的基准值选取通常与声压基准值相对应，因为声强级和声压级都是相对声场而言的。

1.3　声　　场

　　声音是一种机械振动状态的传播现象，它表现为一种机械波（即声波）。声音可以在一切弹性介质中传播，介质质点的振动状态在介质中的传播过程称为声波的传播。在介质中，声波所及的区域统称为声场。

1.3.1　基本概念

1. 自由场与扩散场

　　在声学计量测试中，经常用到自由场、声压场和扩散场等一些关于声场的概念[2-4]。

1）自由场

自由场是声源在均匀的、各向同性的无限大介质中所产生的没有反射声和散射声的声场。即使存在反射声和散射声，但它们在一定区域或某一时间间隔内对声源的原始辐射声场没有影响，则该声场也属于自由场。边界的声反射或声散射是破坏自由场条件的最主要因素，因为边界的反射声或散射声能够与声源辐射的声波叠加，会完全改变声源本身的辐射声场。介质的密度和声速等物理特性不均匀也会影响自由场的形成。

为了得到比较好的自由场条件，经常利用室内消声水池或消声室，以及采用脉冲声测量技术等，达到满足自由场的测试条件。

2）声压场

声压场是指在尺寸远小于介质中声波波长的密闭腔中由换能器产生的声场，腔内各点的声压值基本相等，这样的声场主要用于水听器或传声器的低频校准。在这种声场中校准的灵敏度是声压灵敏度 M_p，与在自由场中校准的自由场电压灵敏度 M_f 有所不同，两者之比 D 定义为水听器或传声器的衍射常数，即

$$D = \frac{M_f}{M_p} \tag{1-10}$$

D 取决于水听器或传声器的尺寸和声波波长，其取值范围为 0～2。如果水听器或传声器最大尺寸远小于声波波长并且是刚性的，则 $D \approx 1$，$M_p = M_f$，即声压灵敏度与自由场电压灵敏度相等。

3）扩散场

扩散场又名漫射场或弥散场。在具有反射边界面的封闭空间（如具有反射界面的大水池、混响水池、混响室等）里，声源发射的声波在壁面发生多次反射，从声场中某点看来，声波是来自各个方向并向各个方向传出的。容器的壁面既反射声波，也吸收声波，当壁面在单位时间内吸收的能量等于声源在单位时间内发射的能量时，声场达到稳态，这样的声场即为扩散场。

扩散场中稳态的平均声能密度处处相等，并且各个方向上的能流呈均匀分布。在较大的不规则空间内，可以近似形成扩散场。在声源附近，因既有直达声波又有扩散声波，不会出现典型的扩散场。扩散场只出现在相距声源大于一定距离（这时直达声已相对不显著）的区域，这一区域一直延伸至距离边界约一个波长处。利用这样的声场可进行水听器或传声器的互易法校准，也可进行比较法校准。但在扩散场中校准的灵敏度 M_{df} 不同于在某一方向上的自由场电压灵敏度 M_f，两者有如下关系：

$$M_{df} = \frac{M_f}{\sqrt{R_\theta}} \tag{1-11}$$

式中，R_θ 是水听器或传声器以自由场电压灵敏度测量方向为参考方向的指向性因数。

2. 行波场与驻波场

1）行波场

在理想、无限、均匀介质中，小振幅单向传播的声波称为行波，行波的特点是它的波阵面形状和传播方向保持不变。其中，波阵面如果是平面，且在与传播方向垂直的某一平面上的各点声压幅值和相位相同，这样的声场称为平面行波场（简称平面波场）；波阵面如果是球面，且声场中某点声压与离声源的距离成反比，这样的声场称为球面波场；波阵面如果是柱面，且声场中柱面声压沿径向与离声源的距离 1/2 次方成反比，这样的声场称为柱面波场。

通常，在理想、无限、均匀介质中，一个有限尺寸的声源，无论什么形状，它所辐射的声波波振面在远离声源的远距离上都可以近似地看作一个球面。假设有一个半径为 a 的简单球形声源（由压电陶瓷球制成），在介质中其辐射面做各向均匀的脉动（即小球表面沿半径方向做等幅同相谐和振动），其就会产生均匀球面波，向介质中不断辐射就形成均匀球面波场。在此波场中，某点 r 处的声压表达式为

$$p(r,t) = \frac{A}{r}\mathrm{e}^{\mathrm{j}(\omega t - kr)} \tag{1-12}$$

式中，ω 为圆频率；k 为波数；A 为球形声源脉动振动状态的振源系数，有

$$A = k\rho c \frac{Q}{4\pi\sqrt{1+(ka)^2}}\mathrm{e}^{\mathrm{j}(ka+\phi_0)} \tag{1-13}$$

其中，ϕ_0 为初相位。当 $ka \ll 1$，即小球声源半径远小于波长时，称脉动小球为点源。同时，如果令 $Q = 4\pi a^2 U_0$，则式（1-12）简化为

$$p(r,t) = k\rho c \frac{a^2 U_0}{r}\mathrm{e}^{\mathrm{j}(\omega t - k(r-a)+\phi_0)} \tag{1-14}$$

式中，U_0 是脉动球表面振速。

2）驻波场

频率和振幅相同、振动方向一致、传播方向相反的两列同类行波相互叠加，在空间形成的固定分布的周期波称为驻波。通常，一列波是另一列波的反射波。

3. 远场与近场

在声场中靠近发射换能器的近区，各点瞬时声压与瞬时质点振速的相位都是不同的。这种由相位不同引起的干涉现象称为菲涅耳衍射，这一干涉区域称为菲涅耳区，即所谓的"近场"。

在离发射换能器较远的距离处，各点的声压与它离声源的距离成反比，各

点的瞬时声压与瞬时质点振速是同相位的，这一区域称为夫琅禾费区，即所谓的"远场"。

1.3.2 测量距离的确定

1. 远场判据

在声学计量与测试中，通常需要一对换能器，其中一个换能器发射声波，另一个换能器接收声波，这两个换能器之间的距离（即测量距离）并不是任意的，必须大于或等于所允许的最近距离。

对于发射换能器，其允许的最近测量距离是发射换能器发送响应定义中所要求的，即发射器辐射的声压是球面发散波，所以声压必须在满足此要求的更大的距离处进行测量，然后按声压与距离成反比的规律，推算到 1m 距离处的声压。

对于接收器，其允许的最近测量距离是接收器的自由场电压灵敏度的定义中要求的，即接收器接收的自由场声压必须为平面行波声压。但在自由场中是很难得到真正平面波的，因此实际上总是要求接收器接收面截取球面波波阵面上很小一块波面，用这一小波面近似等效为理想平面波波面。为了使所截取的波面很小，在接收面一定的情况下，球面波的曲率半径必须很大，而这只有在远距离才能实现。

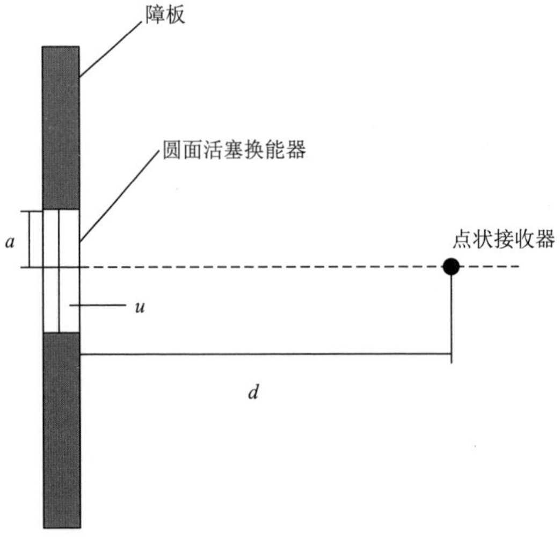

根据声互易原理，一个换能器在发射状态下所要求的最近测量距离与在接收状态下所要求的最近测量距离是相同的。

为了方便起见，这里以带刚性障板的圆面活塞换能器为例讨论单个换能器的允许最近测量距离。设一个圆形换能器发射声波，一个小的点状接收器接收声波，其工作示意图如图 1-3 所示。

根据圆面活塞换能器的声辐射理论，在接近声源的近场，它的轴向声压值的表达式如下：

图 1-3 活塞换能器测量示意图

$$p = 2\rho c u \sin\left|\frac{1}{2}k\left(\sqrt{d^2 + a^2} - d\right)\right| \tag{1-15}$$

式中，u 是圆面活塞换能器工作面振速；a 是活塞工作面半径；d 是沿活塞轴向上的距离。由式（1-15）可知，圆面活塞换能器辐射产生的声场中，轴向声压 p 随距离 d 的变化曲线图如图 1-4 所示。

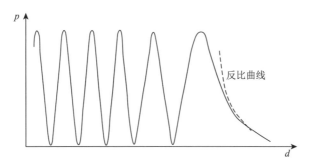

图 1-4　圆面活塞换能器的轴向声压随距离的变化

由图 1-4 可以看出，在 d 比较小的区域，即在靠近换能器工作面的地方，轴向声压值做等幅度周期性振荡。当 d 增大到一定程度时，振荡现象消失，声压单调下降，并慢慢与球面波扩散规律即与距离反比曲线（图中虚线）会合。这表明，它的远场与近场没有明确的分界线，因而允许的最近测量距离不是一个绝对的门限值，须根据测量误差的要求加以确定。利用式（1-15）可以求得满足一定误差要求的测量距离最小允许值，具体方法如下。

首先用二项式定理把式（1-15）中的 $\sqrt{d^2+a^2}$ 项展开成无穷级数，即

$$\sqrt{d^2+a^2}=d+\frac{a^2}{2d}-\frac{a^4}{8d^3}+\cdots \tag{1-16}$$

考虑到当 $\dfrac{a^2}{2d}\gg\dfrac{a^4}{8d^3}$，即 $d\gg\dfrac{a}{2}$ 时，式（1-15）近似为

$$p=2\rho cu\sin\left|\frac{1}{4}\frac{ka^2}{d}\right|=2\rho cu\sin\left|\frac{1}{2}\frac{\pi a^2}{\lambda d}\right| \tag{1-17}$$

同理，考虑到当 $\left|\dfrac{1}{2}\dfrac{\pi a^2}{\lambda d}\right|\ll 1$，即 $d\gg\dfrac{\pi a^2}{2\lambda}$ 时，$\sin\left|\dfrac{1}{2}\dfrac{\pi a^2}{\lambda d}\right|\approx\dfrac{1}{2}\dfrac{\pi a^2}{\lambda d}$，则式（1-17）近似为

$$p=\rho cu\frac{\pi a^2}{\lambda d} \tag{1-18}$$

这样，从式（1-18）可以看到，经过两次近似（满足两个近似条件）后，声场声压 p 与距离 d 成反比，满足远场球面波传播规律。因此，上述两个近似条件就是圆面活塞换能器和点状接收器组成的收发系统的远场判据，即

$$\begin{cases} d \geqslant \dfrac{a}{2} \\[2mm] d \geqslant \dfrac{\pi a^2}{2\lambda} \end{cases} \qquad (1\text{-}19)$$

下面分析两个近似条件带来的误差情况。

由第一次近似引入的误差量为

$$\Delta_1 = 20\lg\left(\frac{d + \dfrac{a^2}{2d}}{\sqrt{d^2 + a^2}} \right) \qquad (1\text{-}20)$$

通过研究误差量式（1-20）随 a/d 的变化关系，如图 1-5 所示，可以得到在误差允许范围内的最近测量距离。

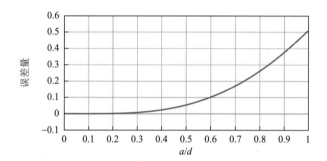

图 1-5　幅度误差量变化曲线

同理，由第二次近似引入的误差量为

$$\Delta_2 = 20\lg\left(\frac{\dfrac{\pi a^2}{2\lambda d}}{\sin \dfrac{\pi a^2}{2\lambda d}} \right) \qquad (1\text{-}21)$$

通过研究式（1-21）随 $\dfrac{\pi a^2}{2\lambda d}$ 的变化关系，如图 1-6 所示，可以得到在误差允许范围内的最近测量距离。

利用上述曲线即可求得一定误差下的最近测量距离。例如，当要求引入的误差不大于 0.5dB 时，均匀圆面活塞的最近测量距离可取为

$$\begin{cases} d \geqslant a \\[2mm] d \geqslant \dfrac{\pi a^2}{2\lambda} \end{cases} \qquad (1\text{-}22)$$

由此可见，此距离比由式（1-19）确定的近远场分界线要大 1 倍。

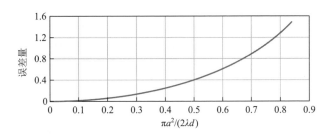

图 1-6　相位误差量变化曲线

同理，可求得方形活塞换能器的最近测量距离为

$$\begin{cases} d \geqslant a_{方形} \\ d \geqslant \dfrac{a_{方形}^2}{\lambda} \end{cases} \quad (1\text{-}23)$$

式中，$a_{方形}$ 是方形活塞面的边长。

直线阵列或细柱形换能器的最近测量距离为

$$\begin{cases} d \geqslant L \\ d \geqslant \dfrac{L^2}{\lambda} \end{cases} \quad (1\text{-}24)$$

式中，L 是直线阵列或细柱形换能器的长度。

把上述典型情况综合起来，可得到一个普遍适用的测量距离允许法则，即

$$\begin{cases} d \geqslant \dfrac{换能器最大线性尺寸^2}{\lambda} \\ d \geqslant 换能器最大线性尺寸 \end{cases} \quad (1\text{-}25)$$

以上远场距离公式适合一对收发换能器中一个换能器很小，只考虑一个较大换能器尺寸的情况。

2. 等效声中心

在一个有限尺寸的声源发射声波时，无论其声波在近区如何分布，在一定的远处（远场中）都将以球面波形式传播。因此，从远场中观察，声源发射来的球面扩散的波就像是由声源或附近的某一点发出来的一样，这一点就称为该声源的等效声中心，简称声中心。

按照声互易原理，换能器在收发状态下的声中心是相同的。在声学校准和测量中，确定或测定测量距离、测量位置和深度通常都是从声中心算起的。测量换能器的指向性时，换能器旋转轴必须通过其声中心。因此，在声学测量工作中，确定换能器的真实声中心是非常重要的。

对于工作面对称的换能器，其真实声中心可通过它的几何中心求得。例如，

球形和柱形换能器的声中心分别是球心点和圆柱中心轴的中点，活塞式换能器的声中心是活塞面的几何中心。对于特殊形状的换能器（或基阵），尤其是当换能器尺寸大于波长时，它们的声中心就不能简单地用几何中心代替了，必须通过实际测量来求声中心位置。

测量非对称换能器声中心的方法是：首先在测量方向上，在换能器的表面上或其附近指定一个参考点（假设声中心），然后在它的远场中（球面波扩散区）测量两个不同距离 d_1 和 d_2 处的声压。d_1 和 d_2 由参考点量起，若参考点与声中心正好重合，则在两测量点测得的声压完全服从球面波衰减规律，即它们的声压级差 $20\lg(p_1/p_2) = 20\lg(d_1/d_2)$。如果测得的声压级差大于或小于此值，则表示假设的声中心与真正的声中心有偏差，设这个偏差为 Δd，则远场中某处的声压为

$$p_d = \frac{A_{比例常数}}{d_{声中心} + \Delta d} \qquad (1\text{-}26)$$

式中，$d_{声中心}$ 为以假设声中心为起点的远场中测量点的距离；Δd 为假设声中心与真正声中心的距离偏差；$A_{比例常数}$ 为与发射换能器处声压成正比的常数。

式（1-26）也可改写成

$$\frac{A_{比例常数}}{p_d} = d_{声中心} + \Delta d \qquad (1\text{-}27)$$

由式（1-27）可知，若对不同的 $d_{声中心}$ 值测量 p_d 值，并以 $A_{比例常数}/p_d$ 为纵坐标，以 $d_{声中心}$ 为横坐标上的截距 $o'o$ 即为 Δd（图 1-7）。因此 o' 点为真正的声中心。若 Δd 为正值，则真正声中心（o'）在假设声中心（o）的后面；若 Δd 为负值，则真正声中心在假设声中心的前面。注意，在测量发射换能器的声中心时，应使用点状接收器，在测量接收换能器的声中心时，应使用点状声源。

在实际工作中，并不是任何情况下都必须通过上述办法精确求定声中心。当预计到假设声中心与真正声中心的偏差不大时，也可以通过增大测试距离来减小声中心偏差的影响。当测试距离大于声中心偏差的 100 倍时，声中心偏差对声压级测量的影响可以忽略不计。

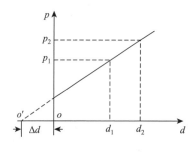

图 1-7　测定换能器声中心的坐标图

1.3.3　脉冲声技术

脉冲声技术是利用正弦脉冲信号进行声场参数测量的技术。利用该技术测量的过程中，首先利用正弦脉冲信号激励发射换能器发出声信号，发出的声信号在水介质中传播，并被水听器接收。其中，首次到达水听器的声信号称为直达波。

脉冲声技术是利用直达波进行声学测量的技术。因此，在水听器的接收端需要控制接收系统只接收直达波，在直达波到达之前和之后的信号都被拒绝接收，从而将有用的被测信号与干扰信号在时域上分离，形成时域上的自由场测试[3-5]。

1. 正弦脉冲信号

正弦脉冲信号是正弦连续信号被矩形脉冲信号调制而产生的信号，如图 1-8 所示，该正弦连续信号的频率是测量频率，矩形脉冲的宽度和重复周期也是正弦脉冲信号的脉冲宽度 τ 和重复周期 T。

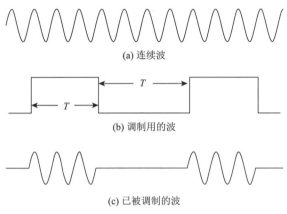

(a) 连续波

(b) 调制用的波

(c) 已被调制的波

图 1-8　正弦脉冲信号的波形组成

正弦脉冲信号的主要特点是信号出现的短暂性和重复性，利用它的这一特点可以得到短暂的又重复的自由场。图 1-9 给出了用正弦脉冲信号激励发射器在有界水域中产生声场时，接收水听器输出的电压信号波形。由图可以看出，由于脉冲声的短暂性和声程长度的不同，可清晰区分出有用的直达信号和有害的电串漏信号以及水面、水底、石块等反射干扰信号。这样，就可以通过对直达信号稳态部分信号的测量来完成自由场条件下的各种测量工作。

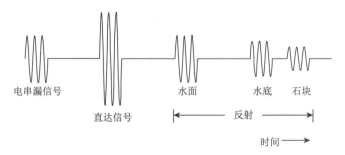

图 1-9　水听器在有界水域中接收声脉冲所输出电压信号波形

正弦脉冲信号的另一个特点是它激励一个谐振系统时，所产生的正弦脉冲波形具有暂态特性。脉冲开始激励系统时，输入的能量并不是马上就变成使用的有功振荡能量，而是在系统中储存起来，其表现形式为脉冲内正弦信号幅度慢慢增大直至最大值，这一储存过程称为前部暂态阶段。接下来就以最大值为振幅做稳定的等幅振荡，直至激励脉冲结束，这一过程称为稳态振荡阶段。激励脉冲结束后，输出脉冲内的正弦振荡并不立即停止，而继续以原频率振荡，但幅度慢慢减小直至为零，这种衰减振荡形式是系统内存储的能量逐渐被释放的结果，这一过程称为尾部暂态阶段。在理论上，前后两个暂态阶段中的振荡幅值都随时间呈指数变化，前者呈指数增大，后者呈指数衰减。在前部暂态阶段中振荡幅值 ξ 与时间 t 的关系为

$$\xi = \xi_m \left(1 - e^{\frac{\pi f_0}{Q_0} t} \right) \qquad (1\text{-}28)$$

式中，ξ_m 为稳态时的振幅值；f_0 为系统谐振频率；Q_0 为谐振系统的品质因数。

图 1-10 给出了一个 $Q_0 = 4$ 的谐振系统输出的典型脉冲信号波形。由此可明显看出正弦脉冲信号激励谐振系统的暂态特性。脉冲宽度过窄时，将不会出现稳态振荡，只有脉冲宽度大到一定程度时，才能得到脉冲的稳态振荡部分。

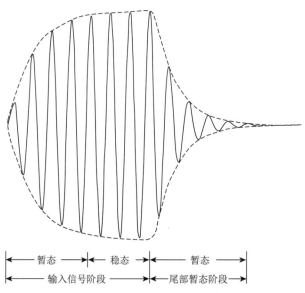

图 1-10　正弦脉冲激励 $Q_0 = 4$ 系统所形成的典型脉冲信号波形

2. 脉宽的选择

因为在实际的声学测量中自由场条件很少是完全理想的，这时利用正弦脉冲

信号就可以建立一个能够满足一般自由场测量条件的环境，这一测试技术被称为脉冲声技术。

3. 正确选择脉冲宽度

脉冲宽度 τ 的选择有多个约束条件，正确的选择可使 τ 满足所有的条件。这些条件如下。

（1）τ 必须足够大，应保证能在稳态振动状态下进行测量。

这是使信号在时间上达到稳态对 τ 的要求。如前所述，正弦脉冲信号输入谐振系统时，其输出脉冲的前部和尾部都有暂态现象。同样，正弦脉冲激励水声换能器时，它的输出声脉冲也会有暂态现象。一般情况下，自由场测量的参数都是按稳态工作状态定义的，因此声脉冲的暂态部分不能直接用于测量。这就要求 τ 至少应大于前部暂态时间。由式（1-24）可求得前部暂态阶段结束的时刻为

$$t_0 = \frac{\ln(1-\eta)}{\pi} \frac{Q_0}{f_0} \qquad (1\text{-}29)$$

式中，$\eta = \xi / \xi_m$ 是达到的振动幅值相对于稳定振动幅值的百分数。

可以看出，对于不同的 η 值，可求得不同的时间 t_0。例如，若认为 $\eta = 96\%$（约有 0.4dB 的误差）就足够了，则 $t_0 = Q_0/f_0$，即只要有 Q_0 个谐振频率的波形数即 Q_0 个周期就可以了；若认为测量幅值必须达到 $\eta = 99\%$（约有 0.1dB 的误差），则 $t_0 = 1.5Q_0/f_0$。

实施稳态信号测量时，要求的稳态波形数视数据采集方法和采集设备而定。但根据 IEC 的推荐标准，至少需要两周稳态信号，这要求 τ 满足：

$$\tau \geqslant t_0 + \frac{2}{f} \qquad (1\text{-}30)$$

式中，f 是测量频率，即脉冲载波频率。

因此，在比较精准的测量中，需要有两个以上达到99%稳态值的波形数时，脉冲宽度必须满足以下条件：

$$\tau \geqslant 1.5\frac{Q_0}{f_0} + \frac{2}{f} \qquad (1\text{-}31)$$

（2）τ 必须足够大，应保证脉冲对换能器有足够长的作用时间，能使换能器各部分之间充分相互作用。

这实际上是使换能器空间达到稳态对 τ 的要求。为此，τ 应满足以下条件：

$$\tau \geqslant t_0 + \frac{2D_{换}}{c} \qquad (1\text{-}32)$$

式中，$D_{换}$ 为换能器沿声波传播方向上的最大尺寸；c 为水中自由场声速。

（3）τ 不能过大，应保证脉冲宽度所对应的水中行程小于直达声程与最近反射声程之差，以免来自边界或障碍物的反射对直达声产生干扰。

这要求 τ 满足：

$$\tau \leqslant \frac{R - d_{直达}}{c} \tag{1-33}$$

式中，R 为来回反射声声程；$d_{直达}$ 为直达声程。

例如，在水池中测量时，根据式（1-33）的要求，脉冲宽度应满足以下两个条件：

$$\tau \leqslant \frac{L - d_{直达}}{c} \tag{1-34}$$

$$\tau \leqslant \frac{\sqrt{w^2 + d_{直达}^2} - d_{直达}}{c} \tag{1-35}$$

（4）τ 不能过大，应保证在发射和接收换能器的尺寸较大以致它们之间的声反射不可忽略时，能够避免反射的影响。

这要求 τ 满足：

$$\tau \leqslant \frac{2d}{c} \tag{1-36}$$

式中，d 是两换能器的间距。

（5）τ 必须足够大，应保证脉冲通过测量系统（由放大器、滤波器等组成）时不变形。

由前述已知，正弦脉冲信号是由一定频率范围内的许多单频信号组合成的。因此要使正弦脉冲通过测量系统时不变形，就必须确保脉冲通过时所有频谱都不受损失，即通过系统前后的脉冲信号有同样的频谱图。要使频谱图中的每条谱线全部通过测量系统，τ 必须与测量系统的带宽 Δf 满足如下关系：

$$\tau \geqslant \frac{6}{\Delta f} \tag{1-37}$$

如果允许脉冲通过时有微小的畸变，仅要求脉冲主带宽内的信号全部通过，则应满足以下关系：

$$\tau \geqslant \frac{2}{\Delta f} \tag{1-38}$$

（6）用声脉冲技术在自由场中测量水声无源材料性能时，声脉冲信号宽度必须足够小，保证能区分开直达声脉冲和反射声脉冲，区分开材料边缘的衍射脉冲。

当满足以上条件时，水听器在接收下一个直达脉冲声之前，前一脉冲的所有反射声都已衰减至比直达声小 40dB 以上，这时反射声对直达声测量值的影响不大于 0.1dB。

4. 重复周期的选择

在水声测量中对 T 有两种相反的要求：一方面要求 T 小些，即重复频率高些，以便于采集、读取或记录；另一方面要求 T 大些，使边界反射声或混响声在下一脉冲到来之前能衰减至允许值。在实际测量中，应根据所用仪器设备、水域大小、消声与否和换能器的布置等情况，综合考虑确定 T 值。我国相关国家标准推荐 T 应满足以下条件：

$$T = \frac{2}{3} T_{60} \tag{1-39}$$

式中，T_{60} 是水池的混响时间，即自脉冲结束至声级衰减 60dB 的时间。

对于非消声水池，尤其是水池尺寸不大时，T_{60} 比较大，即混响时间比较长。为了满足式（1-39）的要求，脉冲重复周期也应较长，这将给测量带来不利影响和不便。为了避免发生这种情况，在采用脉冲声测量技术时，还应对水池壁进行必要的消声处理。

参 考 文 献

[1]　何祚镛，赵玉芳. 声学理论基础[M]. 北京：国防工业出版社，1992.

[2]　袁文俊，缪荣兴，张国良，等. 声学计量[M]. 北京：原子能出版社，2002.

[3]　郑士杰，袁文俊，缪荣兴. 水声计量测试技术[M]. 哈尔滨：哈尔滨工程大学出版社，1995.

[4]　陈毅，赵涵，袁文俊. 水下电声参数测量[M]. 北京：兵器工业出版社，2017.

[5]　刘孟庵，连立民. 水声工程[M]. 杭州：浙江科学技术出版社，2002.

第2章　声学换能器电声参数测量方法（上）

2.1　声学换能器之一：电声换能器

2.1.1　电声换能器的分类

电声换能器是一种将电（声）信号转换成相应的声（电）信号的器件。通常，电声换能器是指工作在音频范围内的换能器，如扬声器、传声器和耳机等。

电声换能器按照能量转换机理进行分类，可以分为电动换能器、电磁换能器、静电换能器、压电换能器、磁致伸缩换能器等。电动换能器是利用在恒磁场中运动导体的电磁感应原理而制成的换能器（图 2-1）。电磁换能器主要由固定于磁路中的导线圈和振动部分（如膜片、衔铁）所组成，交变电流通过线圈时产生交变磁通量，使磁路可振动部分受力发生变化而振动；反之，磁路可动部分振动时，使磁路的磁阻发生变化，于是通过线圈的磁通也相应变化而在线圈内感生电动势。静电换能器的基本结构是电容器，固定的金属极板与可振动的导电膜片组成电容器的两个极板，并在两极板间加恒定的极化电压使电容器带电。当膜片振动时电容量发生变化，两极板间的电压也随之改变；反之，当两极板间的电压发生变化时，极板间的静电力发生变化，从而使膜片振动。压电换能器利用具有压电效应的材料制成，包括天然的石英、酒石酸钾钠等晶体和钛酸钡、锆钛酸铅等压电陶瓷材料以及高分子压电材料，如聚偏氟乙烯等。磁致伸缩换能器利用具有磁致伸缩特性的铁磁材料制成。在磁场中，这类材料由于振动产生形变而使磁通量改变，从而使绕在其上面的线圈产生电动势。它的逆过程是磁通量发生变化使铁磁材料形变而产生应力的变化。

(a) 扬声器　　　　　(b) 电容传声器　　　　(c) 耳机

图 2-1　电动换能器

按照用途，常用的电声换能器可分为：扬声器（主要用在可听声频率范围内，将电信号转换成声信号）、传声器（在可听声频率范围内将声信号转换成电信号）、送话器和受话器（大量应用在电话机中）。

2.1.2　表征电声换能器电声特性的参数

1. 扬声器

1）扬声器的频率特性

扬声器的频率特性是指扬声器在一定电压激励下，其参考轴上所辐射的声压随频率变化的特性。它是扬声器的重要参数之一，反映扬声器对各种频率声波的辐射能力[1]。

2）扬声器的灵敏度

扬声器的灵敏度是指扬声器在单位电压激励下，其参考轴上距离参考点 1m 远处产生的声压值，其数学表达式为

$$M_f = \frac{p_f}{U_i} \tag{2-1}$$

式中，U_i 为扬声器输入端激励电压，单位为 V；p_f 为距扬声器参考点 1m 远处的声压值，单位为 Pa。

3）扬声器的阻抗特性

扬声器的阻抗特性是指扬声器振动系统随频率变化的特性，是扬声器与信号源匹配、扬声器低频部分设计以及扬声器箱设计等中很重要的参量，常用阻抗曲线和额定阻抗来表示扬声器的阻抗特性。

4）扬声器的指向特性

扬声器的指向特性是指扬声器在不同方向上声辐射的能力。扬声器的指向特性一般用指向性图、指向性因数和指向性指数来描述。

5）扬声器的效率

通常把扬声器额定功率作为输入电功率 W_E，即

$$W_E = U_i^2 / Z_0 \tag{2-2}$$

式中，Z_0 为扬声器的标称阻抗。

扬声器的效率定义为扬声器输出声功率与输入电功率之比，即

$$\eta = \frac{W_A}{W_E} \times 100\% \tag{2-3}$$

式中，W_A 为输出声功率。

6）扬声器的失真

扬声器的失真是影响音质的主要因素。将一定频谱的乐音输入扬声器，在接

收到的声音里，如果原来的谐波成分变了，称为谐波失真；如果因其频率分量的相互作用出现了原来没有的频率成分，称为互调失真（包括差频失真）；如果将一首快速变化的乐音输入扬声器，扬声器振动系统跟不上这快速变化引起的失真，称为瞬态失真。

2. 传声器

1）传声器的灵敏度

传声器的灵敏度是表征传声器在一定声压作用下能产生多大电输出的一个物理量。一般来说，它是传声器的输出电压同该传声器所受声压的复数比。它的数学表达式为

$$M = \frac{e_{oc}}{p} \tag{2-4}$$

式中，M 为传声器的灵敏度，单位为 V/Pa；e_{oc} 为传声器的开路输出电压，单位为 V；p 为传声器所受的实际声压，单位为 Pa。

在不同的声学环境下，传声器的灵敏度又分为自由场灵敏度、声压灵敏度和扩散场灵敏度。

2）传声器的频率响应

传声器的频率响应是指在某一确定的声场中，声波以一指定的方向入射，并保持声压恒定时，传声器的开路输出电压随频率变化的曲线。

传声器的频率响应是传声器的主要指标之一，为了得到良好的音质，一般要求传声器的频率响应曲线在较宽的频率范围内平直，但是根据使用的场合不同，对传声器的频率响应有不同的要求。

3）传声器的输出阻抗

每只传声器都有一定的内阻抗，从输出端测得的内阻抗的模就是该传声器的输出阻抗，一般以频率为 1000Hz 的阻抗值为标称值。

传声器输出阻抗的大小直接决定输出电缆线的长短。传声器的输出阻抗高，灵敏度也高，但是易受外界的干扰，其输出电缆线不能太长，否则电缆线上感应的外界干扰在传声器内阻上有较大的电压降，严重的可能导致传声器无法工作。反之，传声器的输出阻抗低，不易受外界的干扰，允许用长的输出电缆线。

4）传声器的指向性

传声器的灵敏度随声波入射方向而变化的特性就是传声器的指向性，传声器的指向性对音质有较大的影响。根据不同的使用目的，不同的声源以及不同的声场条件，选用具有不同指向性的传声器，这对提高音质是很重要的。传声器的指向性大体有三类：全向传声器，对来自四面八方的声音都有大致相同的灵

敏度；双向传声器，前后两面的灵敏度一样大，而对两侧的声波不灵敏；单向传声器，正面比背面灵敏得多。

5）传声器的动态范围

传声器的动态范围是指传声器所能接收声音的大小，其上限受到失真的限制，下限受到固有噪声的限制，以传声器的最高声压级减去等效噪声级就是该传声器的动态范围。

传声器的最高声压级常用传声器振幅非线性失真值来限制，声压级越高，失真也越大。当传声器输出电压的失真度大到某一规定值时，一般规定失真度不大于 0.5%或 1%，此时的声压级就等于该传声器的最高声压级。

2.2　电声换能器电声参数测量方法

2.2.1　扬声器电声特性参数的测量方法

1. 扬声器的频率特性测量

扬声器的频率特性测量包括声压频率响应曲线测量、有效频率范围测量和不均匀度测量。

1）声压频率响应曲线

声压频率响应曲线是指以某一恒定电压激励扬声器时，在其自由场远场中参考轴上所辐射的声压随频率而变化的曲线。测量时，可以采用连续正弦波和粉红噪声两种信号形式。

（1）采用连续正弦信号测量的方法。

连续正弦信号测量原理图如图 2-2 所示，测量在消声室中进行，由信号发生器产生所测频率的连续正弦信号，经过功率放大器放大后激励扬声器，要求测试的信号发生器发出等比例带宽能量相等的连续噪声信号，然后由位于扬声器远场某一位置处的传声器接收该信号，并送入频谱分析仪或采集器以及其他存储和处理器。

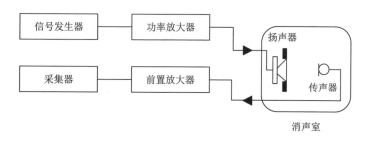

图 2-2　连续正弦信号测量原理图

（2）采用粉红噪声信号测量的方法。

粉红噪声信号测量原理图如图 2-3 所示，测量在消声室中进行，由信号发生器产生粉红噪声信号，经过功率放大器放大后激励扬声器，要求测试中保证激励电压不变，然后由位于扬声器远场某一位置处的传声器接收该信号，并送入前置放大器放大后输入到采集器或其他存储器和处理器。

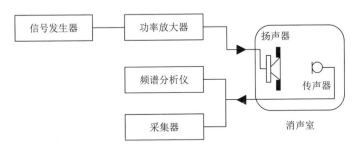

图 2-3　粉红噪声信号测量原理图

2）有效频率范围

国际电工委员会（International Electrotechnical Commission，IEC）规定，在声压频率响应曲线的最高声压级区域取一个倍频程的宽度，求其中的平均声压级，然后从这个声压级算起，下降 10dB 的一条水平直线与频率响应曲线的交点所对应的频率，作为频率响应曲线的有效频率范围的上、下限。

3）不均匀度

在声压频率响应曲线的有效频率范围内，声压级最大值与最小值之差，称为扬声器的不均匀度。

2. 扬声器的灵敏度

在实际测试中，灵敏度用对数来表示：

$$L_M = 20\lg\frac{M_f}{M_r} \tag{2-5}$$

式中，L_M 为扬声器的灵敏度级，单位为 dB；M_r 为参考灵敏度，单位为 1Pa·m/V。

在实际应用中，单个频率的灵敏度并不能说明扬声器的灵敏度特性，因此，常用在扬声器有效频率范围内的平均声压来表示扬声器的灵敏度，测量方法有连续正弦信号测量法和粉红噪声信号测量法两种。

1）扬声器平均特性灵敏度

在扬声器有效频率范围内，用相当于在额定电阻上消耗 1W 电功率的连续正弦信号激励扬声器，在其参考轴上离参考点 1m 处，读出各测量频率点的声压，然后求其算术平均值，这样求得的灵敏度称为平均特性灵敏度。

2）扬声器特性灵敏度

在扬声器有效频率范围内，用相当于在额定电阻上消耗 1W 电功率的粉红噪声信号激励扬声器，在其参考轴上离参考点 1m 处所产生的声压表示扬声器的特性灵敏度。

扬声器特性灵敏度测量原理图如图 2-4 所示。激励扬声器的功率为 1W，测试距离为 1m，通过测试传声器接收信号，在测量放大器上的读数即为扬声器的特性灵敏度。要求测量的是在有效频率范围内的声压值，因此，必须用相应频率范围的带通滤波器将测试频率范围以外的噪声滤去，只让在有效频率范围内的噪声通过，这就需要加一个带通滤波器。

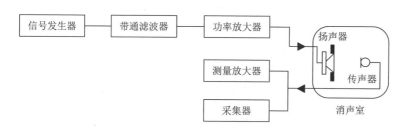

图 2-4　扬声器特性灵敏度测量原理图

3. 扬声器的阻抗特性

扬声器的阻抗特性常用阻抗曲线和额定阻抗来表示。

1）扬声器的阻抗曲线

扬声器的等效输入电阻抗随频率变化的曲线，称为扬声器的阻抗特性曲线。扬声器的阻抗特性曲线如图 2-5 所示。

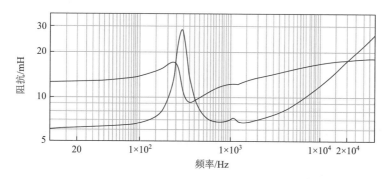

图 2-5　扬声器的阻抗特性曲线

扬声器的等效电阻抗是随频率变化的，在 f_0 处达极大值，其物理本质是扬声器存在机械谐振频率，在这个频率处振动系统的振动速度的幅值达到最大，因而，在磁场中运动的音圈感应的反电动势也达到极大值。在 f_0 以下,扬声器辐射声波的能力以每倍频程 12dB 的速度下降。

2)扬声器的额定阻抗

扬声器的额定阻抗是制造厂在扬声器上标注的阻抗值,一般取扬声器阻抗曲线的机械谐振峰后平坦部分的阻抗模数。

4. 扬声器的指向特性

扬声器的指向特性一般用指向性图、指向性因数和指向性指数来描述。

1)指向性图

指向性图是指扬声器辐射声波的声压级随辐射方向变化的曲线,其测量原理图如图 2-6 所示。在自由场中测量,将扬声器放置在消声室内的转台上(扬声器的声中心通过转台旋转的轴线),测试传声器置于远场区,其参考轴与扬声器的参考轴重合,测量频率一般选取 1000Hz、2000Hz、4000Hz 和 8000Hz。为了提高信噪比,在接收系统中可加滤波器,以接收选取的频率信号。

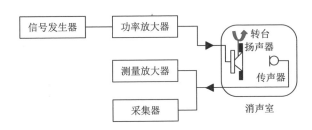

图 2-6　扬声器指向性图测量原理图

2)指向性因数

指向性因数是指在自由场的条件下,扬声器膜片法线上,指定距离 r 处的声强 I_1 与同一位置上由总辐射声功率和它相同的点源所产生的声强 I_2 之比:

$$R_\theta = \frac{I_1}{I_2} \tag{2-6}$$

3)指向性指数

扬声器的指向性指数定义为指向性因数的对数乘以 10,即

$$DI = 10\lg R_\theta \tag{2-7}$$

5. 扬声器的声功率测量

扬声器的声功率测量一般有消声室法和混响室法两种。

1)消声室法

将扬声器置于消声室内,利用一定频率的电压激励扬声器,在扬声器周围足大的半径的球面上，测出不同方位角(θ, φ)的声压值，然后求和即可得到声功率。

2）混响室法

将扬声器置于混响室，利用一定带宽和一定功率的噪声信号激励扬声器，测出空间各点声压的平均值 p、混响室的容积 $V_{混}$、该带宽中心频率的混响时间 T_{60}，然后将它们代入式（2-8），即可求得扬声器的辐射声功率。

$$W_A = 10^{-4} \, |\, p \,|^2 \, \frac{V_{混}}{T_{60}} \qquad\qquad (2\text{-}8)$$

用混响室法测量比较简单，只要测出该频率（频带）的混响时间及声压平均值就能计算出扬声器的辐射声功率。但是，这个方法在低频段，因为激发的室内简正模态比较少，声压起伏比较大，不容易测准。而在低频段扬声器的指向性图案比较规则，近似于一个圆，用消声室法测量的误差比较小。

6. 扬声器的失真

在扬声器的音质评价中，扬声器的失真是影响音质的主要因素，包括谐波失真、互调失真、瞬态失真等。其中，谐波失真是由振幅非线性引起的一种失真。

根据所用的测试信号不同，扬声器谐波失真的测试方法有两种：连续正弦信号测试法和窄带噪声信号测试法。

1）连续正弦信号测试法

测量在消声室内进行，以某一频率的连续正弦信号激励扬声器，其发出的声波由测试传声器接收后经测量放大器送入失真度仪，在失真度仪上可以直接读出谐波失真系数。

2）窄带噪声信号测试法

测试条件与用连续正弦信号测试相同，将扬声器置于消声室中，某一 1/3 倍频程的窄带噪声信号激励扬声器，其中心频率为 f，其测试原理图如图 2-7 所示。扬声器辐射的声波由传声器接收后输入频谱分析仪（或采集器），在频谱仪上分别读出中心频率为 $f, 2f, 3f, \cdots, nf$ 的 1/3 倍频程带宽的输出电压（一般测到四次谐波），然后按式（2-9）计算谐波失真系数。

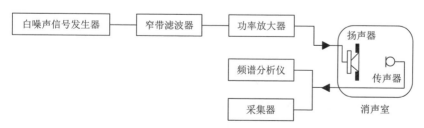

图 2-7　窄带噪声信号测试法测试原理图

$$K = \sqrt{\frac{u_{f_2}^2 + u_{f_3}^2 + \cdots + u_{f_n}^2}{u_{f_1}^2}} \times 100\% \qquad (2\text{-}9)$$

式中，u_{f_1} 为基波电压；$u_{f_2}, u_{f_3}, \cdots, u_{f_n}$ 分别为 2 次，3 次，$\cdots$，n 次谐波电压。

2.2.2 传声器电声特性参数的测量方法

1. 传声器的灵敏度

1）自由场电压灵敏度

传声器自由场电压灵敏度是指在自由声场中，使其参考轴与声波入射方向平行时，对某一频率其开路输出电压与传声器未放入声场前该点的自由场声压之比，测量方法一般有两种：比较法和代替法[2-4]。

（1）比较法。

在自由场中将待测传声器和经过校准的测试传声器同时放置在声场中两个对称的邻近点上，比较两者的开路输出电压来确定被测传声器的灵敏度。

假设经过校准的测试传声器的灵敏度级为 L_{M0}，其开路输出电压为 E_{oc}，被测传声器的灵敏度级为 L_M，其开路输出电压为 e_{oc}，则

$$L_M = L_{M0} + 20\lg \frac{e_{oc}}{E_{oc}} \qquad (2\text{-}10)$$

比较法测量原理图如图 2-8 所示，两传声器正对声源，它们的参考轴与声源的参考轴平行，声源到两传声器之间的距离满足远场条件。

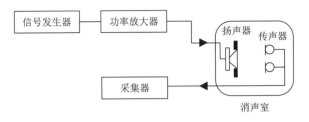

图 2-8　传声器自由场电压灵敏度比较法测量原理图

（2）代替法。

比较法中，经过校准的测试传声器和被测传声器是同时放在声场中的，因此两传声器对声波的散射而导致的相互影响是无法消除的。此外，两传声器所在置的声压也不可能完全一致，给测量带来了误差。为了克服上述系统带来的误差研究人员提出了代替法，测量条件和原理图基本上与比较法相同，所不同的是

声场中选择一点作为测量点。一般选择在声源的参考轴上满足远场条件。声源产生某一频率的恒定声压，交替地把经过校准的测试传声器和被测传声器放在测试点测量其开路输出电压，计算方法与比较法相同。在测量过程中应注意两传声器的受声面一定要放在同一位置，传声器的参考轴应与声源的参考轴重合，要做到这一点，消声室内必须要有良好的支架。

2）声压灵敏度

传声器的声压灵敏度是指在某一工作频带内，传声器开路输出电压与传声器工作面上的实际作用声压之比。在耦合腔内用比较法或者互易法测得的传声器灵敏度就是其声压灵敏度。

传声器声压灵敏度耦合腔比较法的测量原理如图 2-9 所示。由信号发生器产生某一频率的恒定信号来激励扬声器，使扬声器在耦合腔体内产生一个恒定声压的声场，且保证接收信号达到大于 25dB 的信噪比。

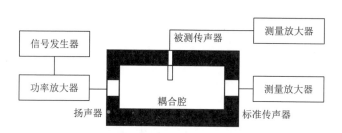

图 2-9　传声器声压灵敏度耦合腔比较法测量原理图

3）扩散场灵敏度

传声器的扩散场灵敏度是指传声器置于扩散声场中，其开路输出电压与传声器未放入前该扩散声场的声压之比。

传声器在某频段内的扩散场灵敏度可在混响室中测量。测量中最好采用无指向性声源，以减小混响半径，同时将声源放在混响室内墙角处，以便激发出更多的简正模态，减小声场不均匀度。测试信号采用 1/3 倍频程带宽的噪声信号或啭声，测试距离应大于混响半径，并离开壁面至少半个波长的距离，且避免放在混响室长、宽、高的中点上。测量时，将被测传声器和校准过的标准传声器同时放入声场进行比较，分别测出其开路输出电压，然后将测试值代入式（2-10）求得被测传声器的扩散场灵敏度，注意：这里标准传声器的灵敏度需要在扩散场下的校准结果。

4）额定灵敏度

传声器的额定灵敏度是以基准频率 1000Hz 为中心频率，在对数刻度的频率标上带宽为一个倍频程内，传声器灵敏度的算术平均值。

2. 传声器的频率响应

传声器的频率响应根据使用的场合不同可分为：自由场频率响应、声压频率响应和扩散场频率响应。

1）自由场频率响应

传声器置于自由声场中，其平面自由场电压灵敏度随频率变化的曲线称为自由场频率响应。测量原理和装置与用比较法测量传声器灵敏度的方法类同，不同的是要保持在整个工作频带内测试点的声压恒定。

2）声压频率响应

当传声器的声压灵敏度与频率之间的关系以声压灵敏度频率响应曲线来表示时，称为声压频率响应。传声器的声压频率响应可以在耦合腔内测量。

3）扩散场频率响应

当传声器的扩散场灵敏度与频率之间的关系，以传声器扩散场灵敏度频率响应曲线来表示时，称为扩散场频率响应。传声器的扩散场灵敏度可以在混响室中测量。

3. 传声器的输出阻抗

传声器的输出阻抗根据所加的信号不同分为：声信号测试法和电信号测试法。

1）声信号测试法

用声信号测量传声器输出阻抗的原理图如图 2-10 所示。将被测传声器置于某一频率的恒定声场中，首先测量传声器的开路输出电压，然后，其他条件不变，在传声器输出端并接一无感电阻箱，调整电阻箱，使传声器的输出电压为开路输出电压的一半，这时电阻箱的阻值即为传声器的输出阻抗。为了测得传声器的开路输出电压，测量用电压表的输入阻抗至少应大于被测传声器内阻抗的 30 倍。

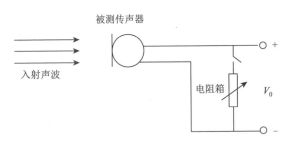

图 2-10 用声信号测量传声器输出阻抗的原理图

2）电信号测试法

用在传声器输出端直接加电信号的方法也可以测量传声器的输出阻抗，一般可以采用阻抗分析仪或者电阻器来测量。

4. 传声器的指向性

传声器的指向性常用指向性图和指向性指数来表示。

1）指向性图

传声器的指向性图是指在某一频率下传声器灵敏度随声波入射方向的变化曲线，用极坐标表示所得的图案。其测量原理图如图 2-11 所示。

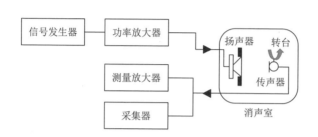

图 2-11　传声器指向性图测量原理图

在消声室中，由信号发生器输出某一单频信号且保持测试点声压不变，被测传声器置于转台上，并使传声器受声膜片的声中心位于转动轴轴线上；然后旋转传声器在不同角度下测量其灵敏度，记录下声波入射角从 0° 到 360° 变化时，传声器在该频率下的灵敏度。由于指向性是随频率变化的，所以要比较全面地表示一个传声器的指向性，就需要不同频率的一组指向性图案，测量的优选频率为倍频程的中心频率。

2）指向性指数

传声器某一频率的正向自由场灵敏度的平方与其同频率的扩散场灵敏度平方之比称为传声器的指向性因数，用对数表示则称为传声器的指向性指数，它的数学表达式为

$$DI(f) = 10\lg Q(f) = 10\lg \frac{M_0^2}{M_d^2} \qquad (2\text{-}11)$$

式中，$DI(f)$ 是传声器的指向性指数，单位为 dB，它是频率 f 的函数；$Q(f)$ 是传声器的指向性因数，无量纲；M_0 是传声器某一频率的正向自由场灵敏度；M_d 是传声器在同一频率的扩散场灵敏度。

传声器指向性指数可用两种方法求得。

对于不对称的传声器，必须分别在自由场和混响声场中测出某一频率的正向自由场灵敏度和扩散场灵敏度，然后将其代入式（2-11）求出 $DI(f)$。

对于指向特性是旋转对称的传声器，其指向性指数可以通过平面自由场中测得的指向性图案简单地推算出来。

5. 传声器的固有噪声

传声器的噪声是影响音质的一个重要指标，决定着传声器所能接收的最低声压级，是传声器动态范围的下限。

当传声器的工作面上没有受到任何声波的作用时，其还会有一定的噪声电压输出，这就是传声器的固有噪声，常用等效噪声级来衡量传声器的固有噪声。设想有一声波作用在传声器上，它产生的输出电压正好与传声器的固有噪声电压相等，这一声波的声压级就等于传声器的等效噪声级。传声器的固有噪声电压一般规定用加 A 计权网络测量，它的数学表达式为

$$L_{in} = 20 \lg \frac{U_n}{MP_0} (\text{dB}) \tag{2-12}$$

式中，U_n 为加 A 计权网络的传声器的固有噪声电压；M 为传声器的灵敏度；P_0 为空气介质中的参考声压，$P_0 = 20\mu\text{Pa}$。

参 考 文 献

[1] 陶擎天，赵其昌，沙家正. 音频声学测量[M]. 北京：中国计量出版社，1980.

[2] 全国电声学标准化技术委员会. 电声学 测量传声器 第 2 部分：采用互易技术对实验室标准传声器的声压校准的原级方法（GB/T 20441.2—2018）[S]. 北京：中国标准出版社，2018.

[3] 全国电声学标准化技术委员会. 电声学 测量传声器 第 3 部分：采用互易技术对实验室标准传声器的自由场校准的原级方法（GB/T 20441.3—2010）[S]. 北京：中国标准出版社，2010.

[4] 全国电声学标准化技术委员会. 电声学 测量传声器 第 1 部分：实验室标准传声器规范（GB/T 20441.1-2010）[S]. 北京：中国标准出版社，2010.

第3章 声学换能器电声参数测量方法（中）

3.1 声学换能器之二：水声换能器

3.1.1 水声换能器的分类

水声换能器是一种能够在水下将电（声）信号转换成相应的声（电）信号的器件。

按照用途可以将水声换能器分成：①只用于接收水下声信号的接收型换能器，又称水听器，其中接收声压信号的水听器称为声压水听器，接收声矢量信号（质点振速、加速度、位移或者声压梯度）的水听器称为矢量水听器；②只用于向水中辐射声信号的发射型换能器，又称声源；③既能将电信号转换成声信号发射到水中，也能将水中的声信号转换成电信号的换能器称为收发合置型换能器[1]。

按照测试精度可以将水声换能器分成：①标准换能器，包括标准水听器、互易换能器、标准发射器等，也称为一级标准换能器，采用绝对校准方法进行检定，主要用于实验室内换能器校准、精确水声测量和水声声压量值传递等；②测量换能器，也称为二级标准换能器，采用相对校准方法进行检定，主要用于一般水声测量；③工作换能器，也称为测量用辅助换能器，在水声测量、交准或检定工作中起辅助作用，无须进行精确校准，只要工作在线性范围内，性能稳定即可。

目前，国内外在水声测试中经常使用的换能器有丹麦 B&K 公司生产的 81×× 系列，见图3-1。

图 3-1 国内外水声测试中经常使用的换能器

3.1.2 表征水声换能器电声特性的参数

1. 水听器的接收灵敏度

水听器的接收灵敏度是表征水听器接收特性的主要电声参数，通常分为自由场电压灵敏度和声压灵敏度[1-4]。

水听器的自由场电压灵敏度是指在平面波自由声场中水听器的输出开路电压 e_c 与放入水听器之前存在于水听器声中心位置的自由场声压 p_f 的比值，常用符号 M_f 表示，单位是伏/帕（V/Pa），以数学式表示为

$$M_f = \frac{e_{oc}}{p_f} \qquad (3-1)$$

自由场电压灵敏度 M_f 与其基准值 M_r 比值取以 10 为底的对数乘以 20，称为自由场电压灵敏度级，符号为 L_{M_f}，单位是 dB，自由场电压灵敏度级的基准值 M_r 为 1V/μPa，以数学式表示为

$$L_{M_f} = 20\lg \frac{M_f}{M_r} \qquad (3-2)$$

水听器的声压灵敏度是指水听器输出端的开路电压 e_{oc} 与作用于水听器接收面上实际声压 p_p 的比值，常用符号 M_p 表示，单位是伏/帕（V/Pa），以数学式表示为

$$M_p = \frac{e_{oc}}{p_p} \qquad (3-3)$$

当水听器的最大线度尺寸远小于水中波长且水听器的机械阻抗远大于水听器在水中的辐射阻抗时，其声压灵敏度等于自由场电压灵敏度。

2. 发射换能器的发送响应

发射换能器的发送响应是用来表示发射换能器发射性能的主要物理量。按照参考电学量的不同，发送响应分为发送电压响应、发送电流响应和发送功率响应。对于压电换能器，一般测量发送电压响应；而对磁致伸缩换能器，测量发送电流响应。

发射换能器的发送电压响应是指发射换能器在指定方向（一般是声轴方向）上离其声中心某参考距离（1m）处的自由场表观声压 p_f 与加到发射换能器输入端的电压 U_i 的比值，符号为 S_V，单位是帕·米/伏（Pa·m/V），以数学式表示为

$$S_V = \frac{p_f}{U_i} \qquad (3-4)$$

式中，p_f 是自由场表观声压，即离发射换能器声中心 1m 处的声压值，如果在球面自由声场中，则有

$$p_f = p_d d \qquad (3-5)$$

其中，p_d 是离发射换能器等效声中心 d 米处的声压。因此，发射换能器的发送电压响应也通常定义为：发射换能器在指定方向（一般是声轴方向）上、在某频率信号激励下所形成的远场中，离其声中心某参考距离 d 米处的自由场声压 p_d 和该参考距离的乘积与加到发射换能器输入端的电压 U_i 的比值，以数学式表示为

$$S_V = \frac{p_d d}{U_i} \qquad (3-6)$$

若把加到输入电端的电压换成加到输入电端的电流，则以上比值称为发射换能器的发送电流响应，符号为 S_I，单位是帕·米/安（Pa·m/A）。

发射换能器的发送功率响应是发射换能器在某频率信号的激励下所形成的远场中，在指定方向（一般是声轴方向）、参考距离处的声压平方和该参考距离平方的乘积与加到发射换能器输入电端的电功率的比值，符号为 S_W，单位是帕^2·米^2/瓦（Pa^2·m^2/W）。

3. 换能器的指向特性

换能器的指向特性是指换能器发送响应或自由场电压灵敏度随发送或入射声波方向变化的特性，常用指向性图、指向性因数或指向性指数表示。

指向性函数是换能器发送响应或自由场电压灵敏度与参考方向（通常为声轴）的发送响应或自由场电压灵敏度的比值随声波发射或入射方向角 (θ, ψ) 变化的函数，符号为 $D(\theta, \psi)$。用直角坐标或极坐标表示的指向性函数称为指向性图。由指向性图可以计算波束宽度、最大旁瓣级、指向性因数或指向性指数。

指向性因数定义为换能器某一辐射方向（或主轴）远处一定点上某频率的声压平方与通过该点的换能器同心球面上同一频率的声压平方的平均值的比值，符号为 R_θ。

若已知指向性函数 $D(\theta, \psi)$，则指向性因数可表示为

$$R_\theta = \frac{4\pi}{\int_0^{2\pi} \int_0^{\pi} D^2(\theta, \psi) \sin\theta \mathrm{d}\theta \mathrm{d}\psi} \tag{3-7}$$

指向性指数定义为指向性因数的以 10 为底的对数乘以 10，符号为 DI，单位为 dB，即

$$\mathrm{DI} = 10\lg R_\theta \tag{3-8}$$

4. 换能器的电阻抗

换能器的电阻抗是指在一定频率下加于换能器电端的瞬时电压与相应的瞬时电流的复数比，符号为 Z，单位是欧姆（Ω）。换能器电阻抗的倒数称为换能器的电导纳，其符号为 Y，单位是西门子（S）。水声换能器的电阻抗或电导纳与激励电信号的频率和它所处的声场及其环境（静水压、温度等）有关，也与它的电缆长度有关。通常小信号下的电阻抗（或电导纳）不能代替大信号下的电阻抗（或电导纳）。

5. 换能器的线性范围

换能器的线性范围是指换能器的输出量与输入量的比值保持不变时输入量的

范围。对于发射换能器，输入量可以是电压、电流，输出量可以是声压、振速；对于水听器，输入量是声压，输出量是开路电压。

6. 水听器的动态范围

水听器的过载声压级与等效噪声声压级之差称为它的动态范围，单位是分贝（dB）。

水听器的过载声压级是引起水听器过载的声压级。过载的性质可以是信号发生畸变，也可以是输出量与输入量之比偏离线性变化。

水听器的等效噪声声压级是使从水听器主轴方向入射的正弦波在水听器输出端产生的开路电压，等于水听器实际输出的带宽为 1Hz 的开路噪声电压（均方根值）时的入射正弦波声压级。

对于带前置放大器的水听器，动态范围往往是一个比较重要的参数。

7. 发射换能器的输入电功率、发射声功率和电声效率

发射换能器的输入电功率是被功率源吸收的有功功率，符号为 W_e，单位为瓦（W）。

发射换能器的发射声功率是其在单位时间内向介质发射出的有效声能量，符号为 W_a，单位为瓦（W）。

发射换能器的电声效率是其发射声功率与输入电功率的比值，符号为 η_{ea}，用百分数（%）表示。

3.2　水声换能器电声特性参数测量方法

3.2.1　水听器自由场电压灵敏度的测量方法

水听器的灵敏度测量方法有比较法和绝对法两种，其中绝对法的典型代表是互易法。基于这两种测量方法对水听器灵敏度进行校准，根据测量不确定度被划分为两个级别，即一级校准和二级校准，也称为绝对校准和相对校准，相对校准有时也称比较校准或替代校准。在水声计量中，对这两级校准的区分是这样规定的：在一级校准中，可以使用已校准的振荡器、放大器、电压表和阻抗电桥等仪表，但不得使用已校准的换能器，而在二级校准中，可以使用已校准的换能器作为参考标准[4, 5]。

一级校准法中，互易法是利用电声互易原理校准换能器的一种绝对方法，最常用的互易法是常规自由场球面波互易法、柱面波互易法、耦合腔互易法等。另外，一级校准法中还有双发射器零值法、振动液柱法、活塞风法和静态法等，这

些都是为了解决 3kHz 以下的低频声和次声频段上的水听器校准而专用的方法，其中双发射器零值法和振动液柱法为低频段优选使用的校准方法。一级校准法用于校准标准水听器（也称一级标准水听器），它用作计量标准器具或作精确的声学测量，一级校准法校准精度高，但所用仪器较多、较昂贵，且方法烦琐；二级校准法的典型代表是比较校准法，此法所用测量仪表少、测量步骤少、测量程序简单，多用于校准测量水听器（也称二级标准水听器），用作工作计量器具。

1. 比较法 1：共点不同时

将一个未知灵敏度的水听器（即被测水听器，其灵敏度用 M_x 表示）和一个经过校准、已知灵敏度为 M_r 的标准水听器先后（不同时）放入声场中同一位置，前后两个水听器的等效声中心应重合在声场的同一点（共点）上，而其测量条件前后不作任何改变，让它们接收同样的自由场声压 p_f，然后比较这两个水听器的开路输出电压 U_{or} 和 U_{ox}，其声场布放示意图如图 3-2 所示。图中，F 表示发射换能器；d 表示发射换能器与水听器的距离；J_r 表示标准水听器；J_x 表示被测水听器。

图 3-2　水听器灵敏度测量共点
不同时比较法声场布放示意图

根据自由场电压灵敏度的定义，有

$$\begin{cases} M_r = \dfrac{U_{or}}{p_f} \\[3mm] M_x = \dfrac{U_{ox}}{p_f} \end{cases} \tag{3-9}$$

式中，U_{or} 和 U_{ox} 分别是标准水听器和被测水听器的开路输出电压；M_r 和 M_x 分别是标准水听器和被测水听器的自由场电压灵敏度。

由于标准水听器和被测水听器接收到的自由场声压 p_f 相同，因此有

$$M_x = \frac{U_{ox}}{U_{or}} M_r \tag{3-10}$$

如果采用灵敏度（级）表示，则为

$$L_{M_x} = 20\lg \frac{U_{ox}}{U_{or}} + L_{M_r} \tag{3-11}$$

由式（3-10）或式（3-11）可知，只要测得先后放入的标准水听器和被测水听器的开路输出电压，再结合已知的标准水听器灵敏度，即可求得被测水听器的自由场电压灵敏度。

水听器灵敏度测量共点不同时比较法，先后放入声场的两只水听器的等效声

中心必须重合在同一点上，因此必须在整个测量过程中保持发射系统和接收系统工作状态不变。

2. 比较法 2：同时不共点

将一个未知灵敏度的水听器（即被测水听器，其灵敏度用 M_x 表示）和一个经过校准、已知灵敏度为 M_r 的标准水听器同时放入声场不同位置处，但两个水听器的等效声中心与发射换能器声轴在同一直线上且与发射换能器的距离分别为 d_r 和 d_x，这样，它们接收到的自由场声压分别为 p_r 和 p_x，然后比较这两个水听器的开路输出电压 U_{or} 和 U_{ox}，其声场布放示意图如图 3-3 所示。

图 3-3　水听器灵敏度测量同时不共点比较法声场布放示意图

根据球面波自由场声压关系和水听器灵敏度的定义，有

$$
\begin{cases}
M_r = \dfrac{U_{or}}{p_r} \\[2mm]
M_x = \dfrac{U_{ox}}{p_x} \\[2mm]
\dfrac{p_r}{p_x} = \dfrac{d_x}{d_r}
\end{cases}
\tag{3-12}
$$

因此有

$$
M_x = \frac{U_{ox}}{U_{or}} \frac{d_x}{d_r} M_r
\tag{3-13}
$$

如果采用灵敏度（级）表示，则为

$$
L_{M_x} = 20\lg \frac{U_{ox}}{U_{or}} + 20\lg \frac{d_x}{d_r} + L_{M_r}
\tag{3-14}
$$

由式（3-13）或式（3-14）可知，只要测得同时放入的标准水听器和被测水听器的开路输出电压以及与发射换能器之间的距离，再结合已知的标准水听器灵敏度，即可求得被测水听器的自由场电压灵敏度。

如果满足以下两个条件，一是被测水听器和标准水听器的几何尺寸足够小，二是被测水听器和标准水听器放在远大于发射换能器远场距离处，且球面波的波阵面曲率半径足够大，则水听器灵敏度测量同时不共点比较法声场可以按图 3-4 所示方式布放。

这里，被测水听器和标准水听器同时放
在声场不同位置处，两个水听器的等效声中
心经过发射换能器远场某一球形波阵面，且
与发射换能器的距离相等，这样，它们接
收到的自由场声压 p_r 和 p_x 相同，因此，由
式（3-12）可得

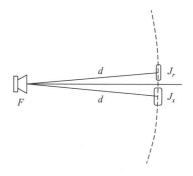

$$M_x = \frac{U_{ox}}{U_{or}} M_r \qquad (3\text{-}15)$$

如果采用灵敏度（级）表示，则为

图 3-4　水听器灵敏度测量同时不共点
比较法声场等距布放示意图

$$L_{M_x} = 20\lg \frac{U_{ox}}{U_{or}} + L_{M_r} \qquad (3\text{-}16)$$

水听器灵敏度测量同时不共点比较法，适合在频率不高、标准水听器几何尺
度不大的情况下使用，一般标准水听器在前，被测水听器在后。如果把标准水听
器和被测水听器同时放在同一个声场中，它们离发射换能器的距离应足够远，使
得它们切割球面波波阵面的弧度足够小，以致可以认为被切割弧面上的波和平面
波无太大差异。

3.2.2　水声换能器发送响应的测量方法

发送（电压或电流）响应都是按辐射到距发射换能器声中心 1m 处的表观声
压值来定义的，但这并不意味着水听器到发射换能器的测量距离只限于 1m。如果
发射换能器的尺寸较大，离发射换能器声中心 1m 处的点可能是处于发射换能器
的近场区甚至还可能就在发射换能器（或其基阵）本身之内，例如，对于半径为
2m 的圆柱形发射换能器。因此，实际测量都是在大于 1m 的远场中的某距离上完
成的，要求那里的发散声波是球面波，即声波强度或声压平方是随距离的平方成
反比衰减，所以有效值声压与距离成反比，这样，把远场中 d 处测量的声压值换
算为 1m 处的表观声压值时，只要乘以距离 d 即可。

在自由场中，对发射换能器发送响应的测量也有两种方法：一是互易法；二
是比较法。这两种测量方法与水听器灵敏度测量的方法类似。

首先把被测发射换能器放入自由场中，然后在发射换能器的声轴上距其等效
声中心 d 处放置一个已知自由场电压灵敏度为 M_r 的标准水听器，这样，如果测
出标准水听器的开路输出电压 U_{or}，则其等效声中心 d 处声压为

$$p_d = \frac{U_{or}}{M_r} \qquad (3\text{-}17)$$

根据发射换能器发送响应定义，测得发射换能器输入端所加电压 U_i 或电流 I_i，即得

$$\begin{cases} S_V = \dfrac{p_d d}{U_i} = \dfrac{U_{or}}{U_i} \dfrac{1}{M_r} d \\[3mm] S_I = \dfrac{p_d d}{I_i} = \dfrac{U_{or}}{I_i} \dfrac{1}{M_r} d \end{cases}$$ （3-18）

如果采用灵敏度（级）表示，则为

$$\begin{cases} L_{S_V} = 20\lg \dfrac{U_{or}}{U_i} + 20\lg d - L_{M_r} \\[3mm] L_{S_I} = 20\lg \dfrac{U_{or}}{I_i} + 20\lg d - L_{M_r} \end{cases}$$ （3-19）

由式（3-18）和式（3-19）可知，只要测得标准水听器的开路输出电压和发射换能器两端所加电压或电流，再结合已知的标准水听器灵敏度，即可求得被测发射换能器的发送电压响应或者发送电流响应。

3.2.3　水声换能器的阻抗特性测量方法

水声换能器的阻抗特性是换能器力学特性和声学特性的综合反映。换能器不工

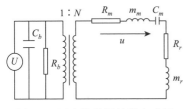

图 3-5　压电换能器等效电路图

作时，其阻抗是纯的电阻抗，称为阻挡阻抗，用 Z_b 表示；换能器工作时，其阻抗与阻挡阻抗之差称为动生阻抗，用 Z_d 表示。动生阻抗包括两部分：一是换能器机械振动产生的力阻抗 Z_m；二是介质对振动膜片作用产生的辐射力阻抗 Z_r。图 3-5 为压电换能器的等效电路图，其中

$$\frac{1}{Z_b} = \frac{1}{R_b} + j\omega C_b$$ （3-20）

$$\begin{cases} Z_d = Z_m + Z_r \\[2mm] Z_m = R_m + j\omega m_m + \dfrac{1}{j\omega C_m} \\[2mm] Z_r = R_r + j\omega m_r \end{cases}$$ （3-21）

通常可以采用阻抗分析仪在小信号激励下直接测量换能器的等效电阻抗（或电导纳）。测量时，首先把被测换能器放入自由声场中，然后把激励信号直接加到换能器上，由阻抗分析仪测量激励电压 U 与激励电流 I 的复数比，从而直接给出测量结果，即换能器的阻抗或电导纳。

$$\begin{cases} Z_T = \left|\dfrac{U}{I}\right| e^{-j\phi} = R_T - jX_T \\ Y_T = \left|\dfrac{I}{U}\right| e^{j\phi} = G_T + jB_T \end{cases} \tag{3-22}$$

式中

$$\begin{cases} R_T = \left|\dfrac{U}{I}\right|\cos\phi, \quad X_T = \left|\dfrac{U}{I}\right|\sin\phi \\ G_T = \left|\dfrac{I}{U}\right|\cos\phi, \quad B_T = \left|\dfrac{I}{U}\right|\sin\phi \end{cases} \tag{3-23}$$

Z_T 或 Y_T 是指换能器的总阻抗或总导纳，因此，图 3-5 可以简化为图 3-6。

因此，有

$$\begin{cases} Y_T = Y_b + Y_d \\ Y_b = \dfrac{1}{Z_b} \\ Y_d = \dfrac{1}{Z_d} = \dfrac{N^2}{Z_m + Z_r} = \dfrac{N^2}{(R_m + R_r) + j\omega(m_m + m_r) + \dfrac{1}{j\omega C_m}} \end{cases} \tag{3-24}$$

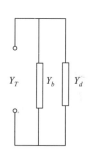

图 3-6　换能器总导纳等效电路图

由于

$$Y_d = \frac{1}{Z_d} = \frac{1}{R_d + jX_d} = G_d + jB_d \tag{3-25}$$

因此，有

$$\begin{cases} G_d = \dfrac{R_d}{R_d^2 + X_d^2} \\ B_d = \dfrac{-X_d}{R_d^2 + X_d^2} \end{cases} \tag{3-26}$$

所以，有

$$\left(G_d - \frac{1}{2R_d}\right)^2 + B_d^2 = \left(\frac{1}{2R_d}\right)^2 \tag{3-27}$$

由式（3-27）可以看出，压电换能器的动生导纳满足圆的方程，因此其导纳曲线称为导纳圆图，见图 3-7（a）；图 3-7（b）是压电换能器动生导纳的频率响应曲线。

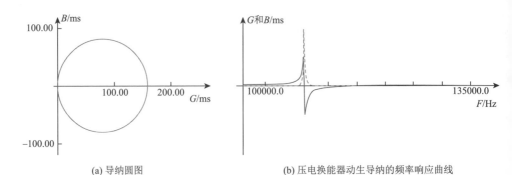

(a) 导纳圆图　　　　　　　　　　　(b) 压电换能器动生导纳的频率响应曲线

图 3-7　压电换能器动生导纳圆图与频率响应曲线

B 表示电纳，图（b）中实线；*G* 表示电导，图（b）中虚线；*F* 表示频率

实验室常用的阻抗分析仪有国外的 HP4192、HP4294A 等和国产的 PV50A 等，见图 3-8。

(a) 美国阻抗分析仪　　　　　　　　　　(b) 国产阻抗分析仪

图 3-8　实验室常用的阻抗分析仪

3.2.4　水声换能器的指向性图测量方法

无论发射器还是接收器，水声换能器都具有指向特性，对于满足互易原理的压电换能器，可以证明其发射指向性图与接收指向性图是相同的，但物理意义不同：发射指向性图表示它在自由场中辐射声波时，在其远场中声能空间分布的图像，换能器的发射指向性图会随发射信号频率的改变而变化，即同一发射换能器发射不同频率的信号时，其辐射声能在空间的分布是不同的；接收指向性图表示远场传来的平面波入射到水听器接收面上，其所产生的开路输出电压随入射方向变化的曲线图，即接收换能器自由场电压灵敏度随入射声波方向变化的曲线图。

　　指向性图是换能器的远场特性，因此，测量时一定要满足自由场远场条件。

　　将被测发射换能器安装在测量回转杆上，标准水听器置于被测发射换能器声轴方向的远场，见图3-9。回转杆必须通过被测换能器的有效声中心，否则发射器和接收器间距必须远远大于有效声中心和转轴间距。将被测发射换能器工作频率范围内的某一频率电信号加到被测发射换能器上，且保持加到被测换能器上的电流（或电压）恒定（即保持发射声场稳定不变），然后转动被测换能器，记录下发射换能器在不同方位上时标准水听器的开路输出电压。

　　将被测水听器安装在测量回转杆上，回转杆必须通过被测水听器的有效声中心，否则发射器和接收器间距必须远远大于有效声中心和转轴间距，见图3-10。将频率为被测水听器工作频率的电信号加到辅助发射器上，且保持其发射声场恒定不变，然后转动被测水听器，记录下在各个方向上被测水听器的开路输出电压。

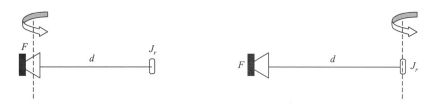

图 3-9　发射换能器指向性图测量声场布放图　　图 3-10　水听器指向性图测量声场布放图

参 考 文 献

[1]　郑士杰，袁文俊，缪荣兴. 水声计量测试技术[M]. 哈尔滨：哈尔滨工程大学出版社，1995.

[2]　袁文俊，缪荣兴，张国良，等. 声学计量[M]. 北京：原子能出版社，2002.

[3]　陈毅，赵涵，袁文俊. 水下电声参数测量[M]. 北京：兵器工业出版社，2017.

[4]　国家标准化管理委员会. 声学 水声换能器自由场校准方法（GB/T 3223—1994）[S]. 北京：中国标准出版社，1994.

[5]　国家标准化管理委员会. 声学 水声换能器测量（GB/T 7965—2002）[S]. 北京：中国标准出版社，2002.

第4章 声学换能器电声参数测量方法（下）

众所周知，要完整地描述声场并充分利用声场信息，不仅需要知道声场的标量信息，如声压，还需要知道声场中的矢量信息，如声压梯度、质点振速、质点加速度、位移等。在水声工程领域，用来获取这些水下矢量信息的接收器称为矢量水听器，也称为矢量接收器、矢量传感器等[1]。矢量水听器作为一种声学换能器，近20年来在声学计量与测试领域得到广泛关注。随着矢量水听器及其基阵应用技术的不断发展，对于其声学性能的评价以及量值传递的需求日益迫切，因此，本章将着重阐述矢量水听器及其基阵的测试与计量方法。

4.1 声学换能器之三：矢量水听器

4.1.1 矢量水听器的分类

矢量水听器的分类方式有很多，根据其结构形式不同可以分为一维、二维或三维，也可以分为球形、柱形或圆盘形。不同结构形式的水听器可以测得直角坐标系下矢量的一个或多个分量。如果按照其所测量的物理量不同，则可分为声压梯度水听器、位移水听器、振速水听器和加速度水听器；如果将矢量水听器与声压水听器在结构上组合为一体，同时测量矢量与标量信号，便称为组合式水听器；等等。

在水声工程领域，通常将矢量水听器按照工作原理不同分为压差式矢量水听器和同振式矢量水听器两种。其中，压差式矢量水听器的工作原理是通过某种敏感元件或结构首先直接或间接获取声场中任意两点之间的声压差值信号，然后利用有限差分近似方法计算出声压梯度，再由欧拉方程得出质点振速。因此，压差式矢量水听器有时也称为声压梯度水听器，它的输出端电信号与声场中的声压梯度成正比，其优点是结构简单、理论成熟，缺点是工艺要求严苛、振动干扰较为明显、工作频带较窄、灵敏度较低。同振式矢量水听器的工作原理是在水下声场中，如果其平均密度接近水介质密度，且其几何尺寸远小于波长，则同振式矢量水听器将以与其几何中心处水介质相同的幅度和相位做振荡运动，同振式矢量水听器也是因此得名，其优点是工作频率低、灵敏度高、低频指向性良好、体积小、重量轻等[2]。

1. 压差式矢量水听器

压差式矢量水听器的工作原理流程如图 4-1 所示。其中，第（1）种流程是通过两个完全独立的敏感元件分别获取声场中某两点（r_1，r_2）处的声压（p_1，p_2），然后转换成各自的输出电压，再通过减法器获得电压的差值，将此差值与距离差 $\Delta r = r_1 - r_2$ 相除；第（2）种流程是通过某一种结构（如双叠片）直接获取声场中某个声压差值，然后将此差值与产生此差值的距离 r 相除。

前者通常称为"双水听器"型压差式矢量水听器，其基本原理和结构均借鉴电声领域的双微音器（或双传声器）声强仪的内容（双传声器结构的经典产品代表是丹麦 B&K 公司的 3560B 多分析仪系统，图 4-2 是该系统的双传声器探头 3599 的图片）。类似地，"双水听器"型压差式矢量水听器是由复数灵敏度已知且相同的两只声压水听器组成的。这两只声压水听器声中心之间的距离远小于相应最高测量频率的声波波长，利用有限差分近似公式，由两只声压水听器输出端电压的差值信号可计算出这两只声压水听器声中心连线的中心点处的声压梯度。这种压差式矢量水听器以传统声压水听器技术为基础，结构简单、原理清晰，但是受其工作原理制约，工作频带较窄、接收灵敏度较低，特别是在低频声场情况下。

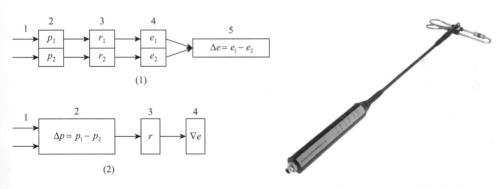

图 4-1　压差式矢量水听器工作原理流程示意图　　图 4-2　丹麦 B&K 公司双传声器探头 3599

但是，因易于实现，压差式矢量水听器在实际工程中很早就得到应用，例如，1974 年英国海军水下系统中心发明的球形压差式矢量水听器[3]，见图 4-3，该水听器是通过将径向极化的压电陶瓷球壳分割成 8 块，然后利用图 4-1 中描述的第（1）种流程进行组合，实现了水平和竖直方向均形成余弦指向性；同一时期，苏联也研制了大量的类似切割结构的柱形压差式矢量水听器，见图 4-4[3]。直至目前，国内外仍然在研制类似的矢量水听器。

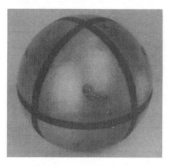

图 4-3 球形压差式矢量水听器

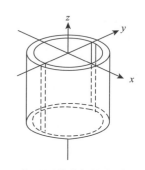

图 4-4 柱形压差式矢量水听器示意图

最常见的压差式矢量水听器采用双叠片结构，称为双叠片型压差式矢量水听器，该类水听器采用双叠片结构（图 4-5 为常见的双叠片结构示意图）作为敏感元件，通过敏感元件两个接收面之间的声程差来获取声压差值。因此，其固定敏感元件用的外壳一般是不动的，也因此称为不动外壳型声压梯度水听器。该类型的矢量水听器衍生结构较多，但是有些由于结构繁杂，不适于工程应用。图 4-6 给出了几种双叠片型压差式矢量水听器的结构示意图。

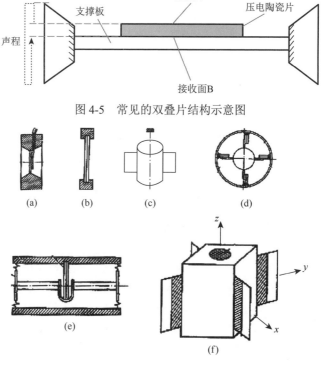

图 4-5 常见的双叠片结构示意图

图 4-6 双叠片型压差式矢量水听器的结构示意图

2. 同振式矢量水听器

同振式矢量水听器可以直接拾取水下声场中介质质点振速或加速度矢量，同压差式矢量水听器相比，同振式矢量水听器才是真正意义上的矢量水听器。

最早用于直接测量水下质点振速的矢量水听器是 Kendall[4]制作的 SV-1 型振速水听器和 SV-2 型低频振速水听器，如图 4-7 所示，且其改进型相继安装在 DIFAR（direction finding and ranging）声呐浮标上，这也是同振型矢量水听器实现工程应用的标志。

(a) SV-1型和SV-2型振速水听器实物图　　　(b) SV-1型和SV-2型振速水听器悬挂示意图

图 4-7　SV-1 型和 SV-2 型振速水听器

进入 21 世纪以来，同振式矢量水听器在国内外均得到普遍关注。新材料、新工艺、新机理的矢量水听器层出不穷，如 MEMS（micro electromechanical system）工艺矢量水听器、基于弛豫型铁电单晶（PMN-PT）或锆钛酸铅-钛酸铅晶体（PZT-PT）的矢量水听器、光纤矢量水听器及磁传感器式矢量水听器等。

4.1.2　表征矢量水听器电声特性的参数

矢量水听器作为水下声接收器，同声压水听器一样，表征其声学性能的参数主要有灵敏度、指向性、动态范围等。其中，由于矢量水听器具有典型的余弦指向特性，因此，在表征其指向性时，又特别给出四个参数来描述它的指向性图特征。

1. 灵敏度

1）矢量灵敏度

矢量水听器的灵敏度定义，广义上讲是指矢量水听器输出端开路电压与其在水下声场中拾取的某一质点矢量信号（位移、振速、加速度、声压梯度）之比，在其工作频带内是一个常量，也因此矢量水听器灵敏度有加速度灵敏度、振速灵敏度、位移灵敏度、声压梯度灵敏度之分，通常把这些统称为矢量灵敏度，其定义式分别如下。

质点加速度灵敏度：

$$M_a = \frac{e_{oc}}{a} \tag{4-1}$$

质点振速灵敏度：

$$M_u = \frac{e_{oc}}{u} \tag{4-2}$$

质点位移灵敏度：

$$M_s = \frac{e_{oc}}{s} \tag{4-3}$$

声压梯度灵敏度：

$$M_{\nabla p} = \frac{e_{oc}}{\nabla p} \tag{4-4}$$

2）声压灵敏度

由于矢量水听器在实际应用中，同声压水听器一样大多数场合应该是自由场，因此矢量水听器的自由场开路电压灵敏度才是表征其接收特性的专有名词。

同时，由于早期在矢量水听器的灵敏度测试过程中常采用与标准声压水听器灵敏度相比较的方法，因此，为了方便计算以及比对，矢量水听器的灵敏度还通常定义为矢量水听器输出端开路电压与其在水下声场中拾取矢量信号时等效声中心位置的声压信号之比，其定义为

$$M_p = \frac{e_{oc}}{p} \tag{4-5}$$

这就是常说的矢量水听器声压灵敏度，但由于矢量水听器对水下声场中声压物理量不敏感，这是通过声场中声压和质点振速之间的关系满足欧拉方程而推导出来的，因此它是一个间接测量量。如果测量时声场满足平面自由场条件，则矢量水听器声压灵敏度（级）与各个矢量灵敏度（级）之间的关系如下：

$$M_p = \begin{cases} \frac{1}{\rho c} M_u \\ \frac{\omega}{\rho c} M_a \\ \frac{\omega}{c} M_{\nabla p} \end{cases} \tag{4-6}$$

$$L_{M_p} = \begin{cases} L_{M_u} - 123.5 \\ L_{M_a} + 20\lg\omega - 123.5 \\ L_{M_{\nabla p}} + 20\lg\omega - 63.5 \end{cases} \tag{4-7}$$

由上述关系式可以看出，由于矢量水听器的矢量灵敏度都是一个常数，因此矢量水听器声压灵敏度（级）随频率变化有不同的响应关系，其中，加速度灵敏度和声压梯度灵敏度随频率每增大 2 倍，其灵敏度级提高 6dB。而位移灵敏度受位移型矢量水听器研制技术发展的限制，在实际中应用得不多，这里不再赘述。

2. 指向性

通常，水声换能器（无论是发射器还是接收器）的指向性一般用指向性图来表征，而指向性图还有它的表征参数，例如，声压水听器的指向性图用波束宽度和旁瓣级来表示。这里，由于矢量水听器具有特殊的余弦指向性图（常说的"8"字形指向性图）（图 4-8），因此，根据其对称性好的特点，可以用以下四个参数来表征其指向性图的特征，便于对其指向性做出评价。

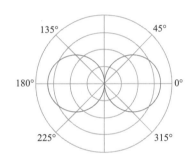

图 4-8　矢量水听器的"8"字形指向性图

（1）主轴方向灵敏度最大值与主轴垂直方向灵敏度最小值之间的差值，是指某一频率下矢量水听器主轴方向（通常定义 0°方向）的最大灵敏度值 M_{pmax} 与其垂直主轴方向（这里指 90°方向）上的灵敏度最小值 M_{pmin} 之比的分贝数。

（2）主轴方向（0°和 180°方向）两个最大灵敏度值之间的不对称性差值，是指某一频率下矢量水听器在 0°和 180°主轴方向上两个最大灵敏度值 M_{pmax} 之比的分贝数。

（3）与主轴垂直方向（90°和 270°方向）两个最小灵敏度值之间的不对称性差值，是指某一频率下矢量水听器在 90°和 270°与主轴垂直方向上两个最小灵敏度值 M_{pmin} 之比的分贝数。

（4）指向性图与理想余弦指向性图之间的偏差，是指某一频率下矢量水听器在与主轴成 45°方向上的灵敏度值和主轴方向上最大灵敏度值之比的分贝数。

3. 动态范围

如前所述，在水声测试与计量技术中，以往对水声换能器动态范围的定义是指换能器处于正常工作状态下可有效运用的声压级的范围。其中，对于发射换能器，是指它的最小输出声压级到其过载声压级之间的范围；而对于接收水听器，是指从它的等效噪声声压级到其过载声压级之间的范围，也就是水听器能够接收到的水下声场中最小的声压量值和不失真的最大声压量值之间的范围，这里水听器特指声压水听器，声压级的参考基准值是 1μPa（记为 0dB re 1μPa）。

为研究方便，参照上述声压水听器动态范围参数的定义，这里给出矢量水听器动态范围参数的定义为矢量水听器的等效噪声加速度级到其过载加速度级之间的范围，单位是分贝（dB），其中加速度级的参考基准值为 1g（记为 0dB re 1g）。

这里需要说明的是，目前实际应用的矢量水听器其敏感器件多数是加速度计，所以上述以加速度物理量作为被测量的定义，可以很好地将矢量水听器与加速度传感器之间的物理概念统一，更便于对测试结果进行比对。

与声压水听器一样，矢量水听器的动态范围实质上也是其在水下声场中能够接收到的最小加速度值和不失真的最大加速度值之间的范围。其中，用来表征矢量水听器在水下声场中接收到的最小加速度值的参数，称为矢量水听器等效自噪声，定义为：将矢量水听器实际输出的带宽为 1Hz 的开路噪声电压（均方值）以加速度灵敏度为参考折合到输入端的加速度级；用来表征矢量水听器在水下声场中接收到的不失真最大加速度值的参数，称为矢量水听器过载加速度级，其定义是引起矢量水听器过载的作用加速度级，这里过载的判断依据是指在声场大信号激励下矢量水听器接收到的输出信号发生谐波失真。

4.2 矢量水听器电声参数的测试方法

4.2.1 矢量水听器测试方法及测试装置

目前，国内外矢量水听器电声参数的测试方法与测试装置主要有两种：一是采用自由声场或等效自由声场进行的测试或校准方法，包括非消声水池脉冲法、消声水池连续波法、行波管法等；二是采用平面驻波场进行的测试或校准方法，包括竖立开口驻波管法、横卧封闭驻波管法以及小水箱局部驻波场法等。

前者，一般适用于对工作频率高于 1000Hz 的矢量水听器进行测试或校准，该方法技术成熟、装置稳定、精度较高。后者，通常适用于校准工作频率低于 1000Hz 的矢量水听器灵敏度。最早的驻波场法校准矢量水听器灵敏度的应用是 Schloss 等[5]在 20 世纪 60 年代采用振动液柱装置进行的，其装置见图 4-9。后来，美国 CBS（Columbia Broadcasting System）实验室的 Bauer 又提出了另一种驻波管形式，图 4-10 为其校准装置示意图[15]。其后，Bauer 还提出了在小水箱中校准的方法。

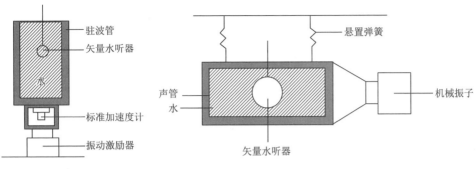

图 4-9　美国振动液柱法
校准装置

图 4-10　美国 Bauer 驻波管校准装置

国内，类似的驻波场校准装置有哈尔滨工程大学研制的横卧驻波管测试系统（图 4-11）和竖直开口驻波管校准系统（图 4-12）[6]，以及国防科技水声计量一级站研制的竖直开口驻波管校准系统。

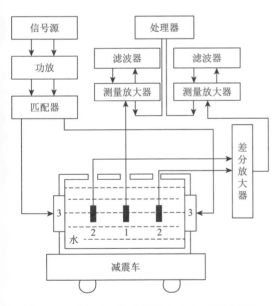
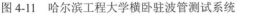

图 4-11　哈尔滨工程大学横卧驻波管测试系统

图 4-12　竖直开口驻波管校准系统

随着矢量水听器应用技术的飞速发展，特别是其在水下低频远距离探测方面的优势，人们越来越关注矢量水听器等效自噪声以及动态范围等参数的测试与校准工作。图 4-13 是美国海军空中作战中心（Naval Air Warfare Center，NAWC）研制的一套测量低噪声声学与振动传感器的自噪声测量装置[7]。该装置由内外两个不锈钢罐体组成，内罐体用于安装被测传感器，或充水后安装待测水听器，内部有悬挂系统。内罐体由 "O" 形圈密封后再二次采用弹性元件悬挂于支架结构上，这样形成了双层隔振系统 [图 4-13（a）]。在待测传感器安装完毕后，将另一个钟形不锈钢罩安装在基座上，形成外罐体，并做抽真空处理后开始测量 [图 4-13（b）]。该装置不但可以测量声学传感器和振动传感器，还可以测量水听器。图 4-14 是国内哈尔滨工程大学研制的矢量水听器自噪声测量装置[8, 9]。

(a)　　　　　　　　　　　　(b)

图 4-13　美国低噪声声学与振动传感器自噪声测量装置

 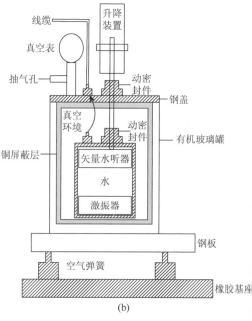

(a)　　　　　　　　　　　　(b)

图 4-14　哈尔滨工程大学研制的矢量水听器自噪声测量装置

4.2.2　矢量水听器驻波场测试方法基本原理

矢量水听器驻波场测试方法的工作原理建立在刚性圆管波导中声传播规律基础上，但由于矢量水听器工作频率下限较低，通常在 10～20Hz 频段，同时在实际工程实施上圆管材料一般采用不锈钢，材料的特性阻抗和水介质特性阻抗相比没有特别大的数量级差异，因此在分析中将实际圆管看作刚性圆管近似建模，会带来一定的误差。为此，考虑弹性圆管波导中声传播规律，对于实际中利用圆管驻波场进行水听器测试与校准工作，可以得到更高的准确度[10-14]。

1. 刚性圆管波导中声传播的基本规律

1）无限长刚性圆管波导中的声场空间分布特性

根据实际工程设计需求，假设刚性壁管的内半径是 b，发射器辐射面的半径是 a，建立如图 4-15 所示坐标系。

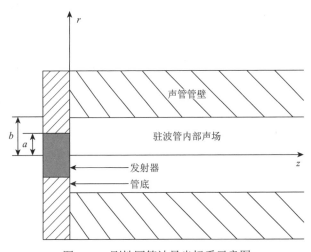

图 4-15　刚性圆管波导坐标系示意图

由声学基本理论可知，在发射器轴对称激励下（取 $n=0$），声场势函数有如下函数形式：

$$\varphi(r,z,t) = \sum_{m=0}^{\infty} A_m \mathrm{J}_0(k_{rm}r)\mathrm{e}^{\mathrm{j}(\omega t - k_{zm}z)} \tag{4-8}$$

式中，J_0 为零阶贝塞尔函数；A_m 为决定于声场条件的常数；k_{rm} 为波数；k_{zm} 为相位系数。则管内声压分布函数为

$$p(r,z,t) = \rho\frac{\partial\varphi}{\partial t} = \mathrm{j}\rho\omega\sum_{m=0}^{\infty} A_m \mathrm{J}_0(k_{rm}r)\mathrm{e}^{\mathrm{j}(\omega t - k_{zm}z)} \tag{4-9}$$

沿半径方向和轴向上的质点振速分别为

$$u_r(r,z,t) = -\frac{\partial \varphi}{\partial r} = -\sum_{m=0}^{\infty} A_m k_{rm} J_1(k_{rm}r) e^{j(\omega t - k_{zm}z)} \quad (4\text{-}10)$$

$$u_z(r,z,t) = -\frac{\partial \varphi}{\partial z} = \sum_{m=0}^{\infty} A_m k_{zm} J_0(k_{rm}r) e^{j(\omega t - k_{zm}z)} \quad (4\text{-}11)$$

因此，沿半径方向和轴向上的阻抗分别为

$$Z_r = \frac{p}{u_r} = -j\rho\omega \frac{\sum_{m=0}^{\infty} A_m J_0(k_{rm}r) e^{-jk_{zm}z}}{\sum_{m=0}^{\infty} A_m k_{rm} J_1(k_{rm}r) e^{-jk_{zm}z}} \quad (4\text{-}12)$$

$$Z_z = \frac{p}{u_z} = j\rho\omega \frac{\sum_{m=0}^{\infty} A_m J_0(k_{rm}r) e^{jk_{zm}z}}{\sum_{m=0}^{\infty} A_m k_{zm} J_0(k_{rm}r) e^{-jk_{zm}z}} \quad (4\text{-}13)$$

（1）假设管末端有一个等幅同相振荡声源激励，则声场势函数与 r 无关，且 $m=0$，则有

$$\varphi(z,t) = A_{00} e^{j(\omega t - k_z z)} \quad (4\text{-}14)$$

管内声压为

$$p(z,t) = \rho \frac{\partial \varphi}{\partial t} = j\rho\omega A_{00} e^{j(\omega t - k_z z)} \quad (4\text{-}15)$$

沿轴向上的质点振速为

$$u_z(z,t) = -\frac{\partial \varphi}{\partial z} = A_{00} k_z e^{j(\omega t - k_z z)} \quad (4\text{-}16)$$

沿轴向上的阻抗为

$$Z_z = \frac{p}{u_z} = \frac{j\rho\omega}{k_z} = j\rho c \quad (4\text{-}17)$$

式中，$k_z = k$。

由此可以看出，如果声源满足等幅同相振荡，则半无限长刚性壁管内声场将沿轴向形成与自由场平面波相似的分布情况，且管内声阻抗率也为 ρc。

（2）假设管末端采用半径为 a 的圆面活塞辐射器激励，则可得到 A_m 为

$$A_m = \frac{U}{j\sqrt{k^2 - k_{rm}^2}} \cdot \frac{a^2}{b^2} \cdot \frac{1}{[J_0(k_{rm}b)]^2} \cdot \frac{2J_1(k_{rm}a)}{k_{rm}a} \quad (4\text{-}18)$$

式中，k_{rm} 由边界条件确定。因此

$$\varphi(r,z,t) = -j2U\frac{a^2}{b^2}\sum_{m=0}^{\infty}\frac{1}{\sqrt{k^2-k_{rm}^2}}\cdot\frac{1}{[J_0(k_{rm}b)]^2}\cdot\frac{J_1(k_{rm}a)}{k_{rm}a}\cdot J_0(k_{rm}r)e^{j(\omega t-k_{zm}z)} \quad (4\text{-}19)$$

管内声压为

$$p(r,z,t) = \rho\frac{\partial\varphi}{\partial t} = 2\rho\omega U\frac{a^2}{b^2}\sum_{m=0}^{\infty}\frac{1}{\sqrt{k^2 - k_{rm}^2}}\cdot\frac{1}{[J_0(k_{rm}b)]^2}\cdot\frac{J_1(k_{rm}a)}{k_{rm}a}\cdot J_0(k_{rm}r)e^{j(\omega t - k_{zm}z)}$$

（4-20）

沿半径方向和轴向上的质点振速分别为

$$u_r(r,z,t) = -\frac{\partial\varphi}{\partial r} = j2U\frac{a^2}{b^2}\sum_{m=0}^{\infty}\frac{k_{rm}}{\sqrt{k^2 - k_{rm}^2}}\cdot\frac{1}{[J_0(k_{rm}b)]^2}\cdot\frac{J_1(k_{rm}a)}{k_{rm}a}\cdot J_1(k_{rm}r)e^{j(\omega t - k_{zm}z)}$$

（4-21）

$$u_z(r,z,t) = -\frac{\partial\varphi}{\partial z} = -j2U\frac{a^2}{b^2}\sum_{m=0}^{\infty}\frac{k_{zm}}{\sqrt{k^2 - k_{rm}^2}}\cdot\frac{1}{[J_0(k_{rm}b)]^2}\cdot\frac{J_1(k_{rm}a)}{k_{rm}a}\cdot J_1(k_{rm}r)e^{j(\omega t - k_{zm}z)}$$

（4-22）

沿半径方向和轴向上的阻抗为

$$Z_r = \frac{p}{u_r} = -j\omega\frac{\displaystyle\sum_{m=0}^{\infty}\frac{1}{\sqrt{k^2 - k_{rm}^2}}\cdot\frac{1}{[J_0(k_{rm}b)]^2}\cdot\frac{J_1(k_{rm}a)}{k_{rm}a}\cdot J_0(k_{rm}r)e^{-jk_{zm}z}}{\displaystyle\sum_{m=0}^{\infty}\frac{k_{rm}}{\sqrt{k^2 - k_{rm}^2}}\cdot\frac{1}{[J_0(k_{rm}b)]^2}\cdot\frac{J_1(k_{rm}a)}{k_{rm}a}\cdot J_1(k_{rm}r)e^{-jk_{zm}z}}$$

（4-23）

$$Z_z = \frac{p}{u_z} = j\rho\omega\frac{\displaystyle\sum_{m=0}^{\infty}\frac{1}{\sqrt{k^2 - k_{rm}^2}}\cdot\frac{1}{[J_0(k_{rm}b)]^2}\cdot\frac{J_1(k_{rm}a)}{k_{rm}a}\cdot J_0(k_{rm}r)e^{-jk_{zm}z}}{\displaystyle\sum_{m=0}^{\infty}\frac{k_{zm}}{\sqrt{k^2 - k_{rm}^2}}\cdot\frac{1}{[J_0(k_{rm}b)]^2}\cdot\frac{J_1(k_{rm}a)}{k_{rm}a}\cdot J_1(k_{rm}r)e^{-jk_{zm}z}}$$

（4-24）

　　为了满足测试与计量要求，这里取 $m = 1$，即声场中只有(0, 1)号简正波，其截止频率 $f_{r01} = \dfrac{3.83c}{2\pi b}$，则有

$$Z_r = \frac{p}{u_r} = -j\rho\omega\cdot\frac{1}{k_{r1}}\cdot\frac{J_0(k_{r1}r)}{J_1(k_{r1}r)}$$

（4-25）

$$Z_z = \frac{p}{u_z} = j\rho\omega\frac{1}{k_{z1}}$$

（4-26）

　　2）有限长刚性圆管波导中的声场空间分布特性

　　对于有限空间，由声学基本理论可知，在发射器轴对称激励下（取 $n = 0$），其声场势函数为

$$\varphi(r,z,t) = \sum_{m=0}^{\infty}J_0(k_{rm}r)[A_m\cos(k_{zm}z) + B_m\sin(k_{zm}z)]e^{j\omega t}$$

（4-27）

则管内声压为

$$p(r,z,t) = \rho \frac{\partial \varphi}{\partial t} = \mathrm{j}\omega\rho \sum_{m=0}^{\infty} \mathrm{J}_0(k_{rm}r)[A_m \cos(k_{zm}z) + B_m \sin(k_{zm}z)]\mathrm{e}^{\mathrm{j}\omega t} \quad (4\text{-}28)$$

沿半径方向和轴向上的质点振速分别为

$$u_r(r,z,t) = -\frac{\partial \varphi}{\partial r} = -\sum_{m=0}^{\infty} \frac{\partial \mathrm{J}_0(k_{rm}r)}{\partial r}[A_m \cos(k_{zm}z) + B_m \sin(k_{zm}z)]\mathrm{e}^{\mathrm{j}\omega t} \quad (4\text{-}29)$$

$$u_z(r,z,t) = -\frac{\partial \varphi}{\partial z} = -\sum_{m=0}^{\infty} k_{zm}\mathrm{J}_0(k_{rm}r)[-A_m \sin(k_{zm}z) + B_m \cos(k_{zm}z)]\mathrm{e}^{\mathrm{j}\omega t} \quad (4\text{-}30)$$

如果实际中有限长圆管另一端，$z = L$ 处为水-空气界面，即

$$p\big|_{z=L} = 0 \quad (4\text{-}31)$$

因此

$$A_m \cos(k_{zm}L) + B_m \sin(k_{zm}L) = 0$$

$$\Rightarrow A_m = -B_m \frac{\sin(k_{zm}L)}{\cos(k_{zm}L)} = -B_m \tan(k_{zm}L) \quad (4\text{-}32)$$

同理，（1）假设管末端有一个等幅同相振荡声源激励，则声场势函数与 r 无关，且 $m = 0$，则有

$$\begin{cases} \varphi(z,t) = [A_{00}\cos(k_z z) + B_{00}\sin(k_z z)]\mathrm{e}^{\mathrm{j}\omega t} \\ p(z,t) = \rho \dfrac{\partial \varphi}{\partial t} = \mathrm{j}\omega\rho[A_{00}\cos(k_z z) + B_{00}\sin(k_z z)]\mathrm{e}^{\mathrm{j}\omega t} \end{cases} \quad (4\text{-}33)$$

$$u_z(z,t) = -\frac{\partial \varphi}{\partial z} = -k_z[-A_{00}\sin(k_z z) + B_{00}\cos(k_z z)]\mathrm{e}^{\mathrm{j}\omega t} \quad (4\text{-}34)$$

又有边界条件：

$$u\big|_{z=0} = U \quad (4\text{-}35)$$

则

$$\begin{cases} A_{00} = -\tan(k_z L)B_{00} \\ B_{00} = \dfrac{U}{k_z} \end{cases} \quad (4\text{-}36)$$

所以

$$p(z,t) = \mathrm{j}\omega\rho U \frac{1}{k_z}[-\tan(k_z L)\cos(k_z z) + \sin(k_z z)]\mathrm{e}^{\mathrm{j}\omega t}$$

$$= -\mathrm{j}\omega\rho U \frac{1}{k_z \cos(k_z L)}\sin\big(k_z(L-z)\big)\mathrm{e}^{\mathrm{j}\omega t} \quad (4\text{-}37)$$

$$u_z(z,t) = -U[\tan(k_z L)\sin(k_z z) + \cos(k_z z)]\mathrm{e}^{\mathrm{j}\omega t}$$

$$= \frac{-U}{\cos(k_z L)}\cos(k_z(L-z))\mathrm{e}^{\mathrm{j}\omega t} \quad (4\text{-}38)$$

$$Z_z = \frac{p}{u_z} = \frac{\mathrm{j}\rho\omega}{k_z}\tan(k_z(L-z)) = \mathrm{j}\rho c\tan(k_z(L-z)) \tag{4-39}$$

式中，$k_z = k$。

由此可以看出，如果声源满足等幅同相振荡，则有限长刚性壁管内声场沿轴向也会形成与自由场平面波相似的分布情况，但管内声阻抗率为 $\rho c\tan(k(L-z))$。

（2）假设管末端采用半径为 a 的圆面活塞辐射器激励时，可得到 B_m 为

$$B_m = \frac{U}{\mathrm{j}\sqrt{k^2 - k_{rm}^2}}\cdot\frac{a^2}{b^2}\cdot\frac{1}{[\mathrm{J}_0(k_{rm}b)]^2}\cdot\frac{2\mathrm{J}_1(k_{rm}a)}{k_{rm}a} \tag{4-40}$$

式中，k_{rm} 由边界条件确定。所以，管内声压为

$$p(r,z,t) = 2\omega\rho U\frac{a^2}{b^2}\sum_{m=0}^{\infty}\mathrm{J}_0(k_{rm}r)\frac{1}{\sqrt{k^2-k_{rm}^2}}\cdot\frac{1}{[\mathrm{J}_0(k_{rm}b)]^2}\cdot\frac{\mathrm{J}_1(k_{rm}a)}{k_{rm}a}\cdot\frac{1}{\cos(k_{zm}L)}\sin(k_{zm}(L-z))\mathrm{e}^{\mathrm{j}\omega t}$$
$$\tag{4-41}$$

沿半径方向和轴向上的质点振速分别为

$$u_r(r,z,t) = \mathrm{j}2U\frac{a^2}{b^2}\sum_{m=0}^{\infty}k_{rm}\mathrm{J}_1(k_{rm}r)\frac{1}{\sqrt{k^2-k_{rm}^2}}\cdot\frac{1}{[\mathrm{J}_0(k_{rm}b)]^2}\cdot\frac{\mathrm{J}_1(k_{rm}a)}{k_{rm}a}\cdot\frac{1}{\cos(k_{zm}L)}\cos(k_{zm}(L-z))\mathrm{e}^{\mathrm{j}\omega t}$$
$$\tag{4-42}$$

$$u_z(r,z,t) = \mathrm{j}2U\frac{a^2}{b^2}\sum_{m=0}^{\infty}\mathrm{J}_0(k_{rm}r)\frac{k_{zm}}{\sqrt{k^2-k_{rm}^2}}\cdot\frac{1}{[\mathrm{J}_0(k_{rm}b)]^2}\cdot\frac{\mathrm{J}_1(k_{rm}a)}{k_{rm}a}\cdot\frac{1}{\cos(k_{zm}L)}\cos(k_{zm}(L-z))\mathrm{e}^{\mathrm{j}\omega t}$$
$$\tag{4-43}$$

沿半径方向和轴向上的阻抗为

$$Z_r = \frac{p}{u_r} = -\mathrm{j}\rho\omega\frac{\displaystyle\sum_{m=0}^{\infty}\mathrm{J}_0(k_{rm}r)\frac{1}{\sqrt{k^2-k_{rm}^2}}\cdot\frac{1}{[\mathrm{J}_0(k_{rm}b)]^2}\cdot\frac{\mathrm{J}_1(k_{rm}a)}{k_{rm}a}\cdot\frac{1}{\cos(k_{zm}L)}\sin(k_{zm}(L-z))}{\displaystyle\sum_{m=0}^{\infty}k_{rm}\mathrm{J}_1(k_{rm}r)\frac{1}{\sqrt{k^2-k_{rm}^2}}\cdot\frac{1}{[\mathrm{J}_0(k_{rm}b)]^2}\cdot\frac{\mathrm{J}_1(k_{rm}a)}{k_{rm}a}\cdot\frac{1}{\cos(k_{zm}L)}\cos(k_{zm}(L-z))}$$
$$\tag{4-44}$$

$$Z_z = \frac{p}{u_z} = -\mathrm{j}\rho\omega\frac{\displaystyle\sum_{m=0}^{\infty}\mathrm{J}_0(k_{rm}r)\frac{1}{\sqrt{k^2-k_{rm}^2}}\cdot\frac{1}{[\mathrm{J}_0(k_{rm}b)]^2}\cdot\frac{\mathrm{J}_1(k_{rm}a)}{k_{rm}a}\cdot\frac{1}{\cos(k_{zm}L)}\sin(k_{zm}(L-z))}{\displaystyle\sum_{m=0}^{\infty}\mathrm{J}_0(k_{rm}r)\frac{k_{zm}}{\sqrt{k^2-k_{rm}^2}}\cdot\frac{1}{[\mathrm{J}_0(k_{rm}b)]^2}\cdot\frac{\mathrm{J}_1(k_{rm}a)}{k_{rm}a}\cdot\frac{1}{\cos(k_{zm}L)}\cos(k_{zm}(L-z))}$$
$$\tag{4-45}$$

同理，如果取 $m=1$，$f_{01} = \dfrac{3.83c}{2\pi b}$，则有

$$Z_r = \frac{p}{u_r} = -\mathrm{j}\rho\omega\cdot\frac{1}{k_{r1}}\cdot\frac{\mathrm{J}_0(k_{r1}r)}{\mathrm{J}_1(k_{r1}r)}\cdot\tan(k_{z1}(L-z)) \tag{4-46}$$

$$Z_z = \frac{p}{u_z} = \rho\omega \cdot \frac{1}{k_{z1}} \cdot \tan(k_{z1}(L-z)) \tag{4-47}$$

综上所述，针对刚性壁管，采用等幅同相振荡声源是最佳选择，其内部声场特性与自由场接近。如果采用对称激励，则内部声场分布较为复杂。针对实际使用的有限长刚性壁管声场，其内部声场阻抗与自由场相比在轴向呈正切函数关系分布。

2. 弹性圆管波导中声传播的基本规律

1）半无限长弹性圆管波导的声场空间分布特性

根据实际设计需求，假设弹性圆管的内半径是 b，外半径是 a，壁厚为 $a-b$，建立如图 4-16 所示坐标系。

图 4-16　弹性圆管波导坐标系示意图

根据声学基本理论，对于壁厚为 $a-b$ 的弹性圆管波导，水中声场势函数为

$$\varphi_1(r,z) = A\mathrm{J}_0(k_{1r}r)\mathrm{e}^{\mathrm{j}k_{1z}z}, \quad k_{1r}^2 + k_{1z}^2 = (\omega/c_f)^2 \tag{4-48}$$

$$\begin{cases} u_{1r} = \dfrac{\partial\varphi_1}{\partial r} = Ak_{1r}\mathrm{J}_1(k_{1r}r)\mathrm{e}^{\mathrm{j}k_{1z}z} \\ u_{1z} = \dfrac{\partial\varphi_1}{\partial z} = \mathrm{j}Ak_{1z}\mathrm{J}_0(k_{1r}r)\mathrm{e}^{\mathrm{j}k_{1z}z} \end{cases} \tag{4-49}$$

弹性圆管中轴对称形式的解分别为

$$\begin{cases} \varphi_2(r,z) = [C\mathrm{J}_0(k_P r) + D Y_0(k_P r)]\mathrm{e}^{\mathrm{j}k_z z}, & k_P^2 + k_z^2 = (\omega/c_P)^2 \\ \psi_2(r,z) = [E\mathrm{J}_0(k_S r) + F Y_0(k_S r)]\mathrm{e}^{\mathrm{j}k_z z}, & k_S^2 + k_z^2 = (\omega/c_S)^2 \end{cases} \tag{4-50}$$

根据声管内部是水、外部是空气，写出边界条件：

$$\begin{cases} \delta_{rr}\big|_b = \delta_{rrf}\big|_b \\ \delta_{rz}\big|_b = 0 \\ u_r\big|_b = u_{rf}\big|_b \end{cases}, \quad \begin{cases} \delta_{rr}\big|_a = 0 \\ \delta_{rz}\big|_a = 0 \end{cases} \tag{4-51}$$

则有频散方程：

$$
\begin{vmatrix}
P(a) & Q(a) & R(a) & S(a) & 0 \\
P(b) & Q(b) & R(b) & S(b) & -\dfrac{\rho_1 \omega^2}{2\mu} J_0(k_r b) \\
M J_1(k_P a) & M Y_1(k_P a) & G J_1(k_S a) & G Y_1(k_S a) & 0 \\
M J_1(k_P b) & M Y_1(k_P b) & G J_1(k_S b) & G Y_1(k_S b) & 0 \\
k_P J_1(k_P b) & k_P Y_1(k_P b) & j k_z k_S J_1(k_S b) & j k_z k_S Y_1(k_S b) & k_r J_1(k_r b)
\end{vmatrix} = 0 \quad (4\text{-}52)
$$

由频散方程计算得到：已知弹性圆管中的 ET3 类型波的特征值为 $\omega b / c_f = 3.96$，与刚性管壁的 (0, 1) 号简正波对应的特征值相符。

2）有限长为 L 的弹性圆管波导声场空间分布特性

对于壁厚为 a–b、长为 L 的弹性圆管波导，水中声场势函数为

$$
\phi_1(r,z) = J_0(k_{1r} r)[A\cos(k_{1z} z) + B\sin(k_{1z} z)], \quad k_{1r}^2 + k_{1z}^2 = (\omega / c_f)^2 \quad (4\text{-}53)
$$

$$
\begin{aligned}
u_{1r} &= \frac{\partial \phi_1}{\partial r} = k_{1r} J_1(k_{1r} r)[A\cos(k_{1z} z) + B\sin(k_{1z} z)] \\
u_{1z} &= \frac{\partial \phi_1}{\partial z} = j k_{1z} J_0(k_{1r} r)[-A\sin(k_{1z} z) + B\cos(k_{1z} z)]
\end{aligned}
\quad (4\text{-}54)
$$

弹性圆管中轴对称形式的解分别为

$$
\begin{aligned}
\varphi_2(r,z) &= [C J_0(k_P r) + D Y_0(k_P r)][A\cos(k_{1z} z) + B\sin(k_{1z} z)], & k_P^2 + k_{2z}^2 = (\omega / c_P)^2 \\
\psi_2(r,z) &= [E J_0(k_S r) + F Y_0(k_S r)][A\cos(k_{1z} z) + B\sin(k_{1z} z)], & k_S^2 + k_{2z}^2 = (\omega / c_S)^2
\end{aligned}
\quad (4\text{-}55)
$$

求解该频散方程，与前面相比较为复杂，因此，可以采用声场软件对其进行数值解分析。

3. 基于声场分析软件的声场空间分布特性仿真分析

这里给出不同材料参数和几何尺寸下弹性圆管内部声场的空间分布特性，不失一般性，将重点研究薄壁圆管在高频 800Hz 以上频点的声场特性。因此，选取内半径为 0.1m，壁厚与内半径比分别为 0.5、1、1.5 的情况，材质分别选取不锈钢、铜、铝合金和塑料等。

（1）内半径为 0.1m，壁厚与内半径比为 0.5，不同材质声管声压场分布图见图 4-17，加速度场分布图见图 4-18。

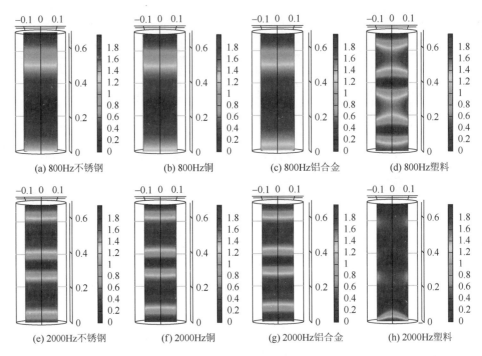

图 4-17　弹性圆管波导中不同材质声管高频声压场分布图（一）（彩图扫封底二维码）

横轴代表弹性圆管内的半径（m）；纵轴代表弹性圆管高度方向的尺寸（m）；右侧图例代表声压的大小（μPa）

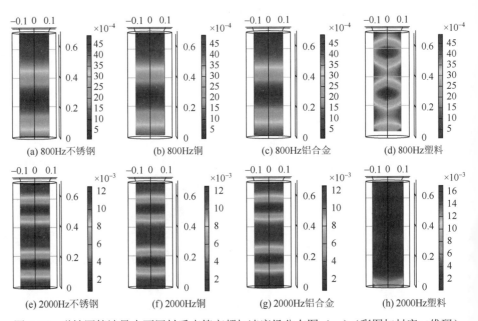

图 4-18　弹性圆管波导中不同材质声管高频加速度场分布图（一）（彩图扫封底二维码）

右侧图例代表声管中的加速度（m/s²）

（2）内半径为 0.1m，壁厚与内半径比为 1，不同材质声管声压场分布图见图 4-19，加速度场分布图见图 4-20。

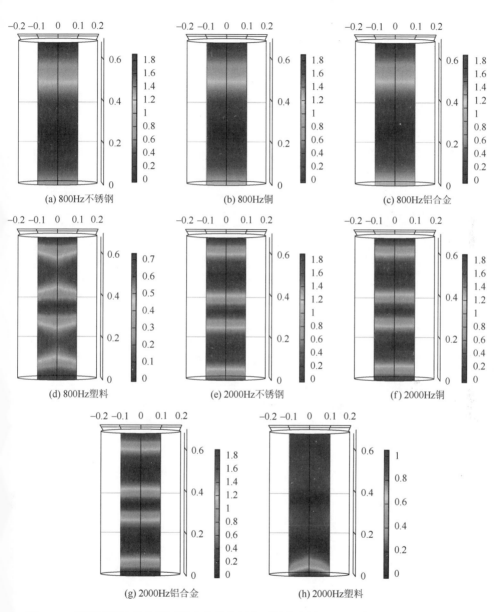

图 4-19　弹性圆管波导中不同材质声管高频声压场分布图（二）（彩图扫封底二维码）

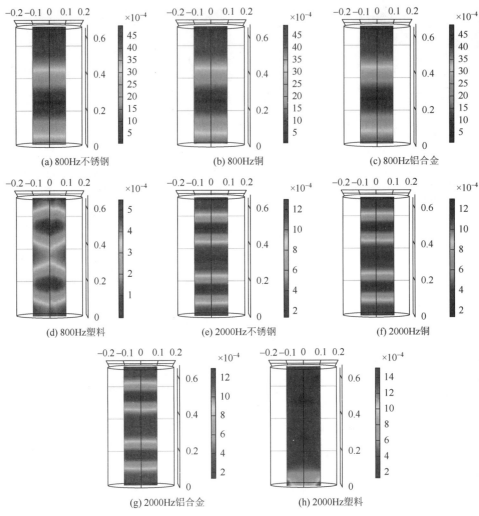

图 4-20 弹性圆管波导中不同材质声管高频加速度场分布图（二）（彩图扫封底二维码）

（3）内半径为 0.1m，壁厚与内半径比为 1.5，不同材质声管声压场分布图见图 4-21，加速度场分布图见图 4-22。

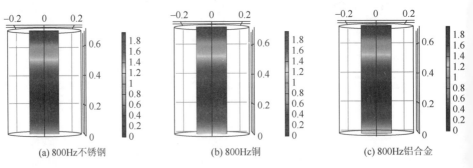

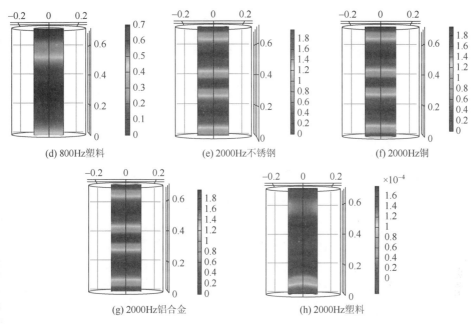

(d) 800Hz塑料　　　　　(e) 2000Hz不锈钢　　　　　(f) 2000Hz铜

(g) 2000Hz铝合金　　　　　(h) 2000Hz塑料

图 4-21　弹性圆管波导中不同材质声管高频声压场分布图（三）（彩图扫封底二维码）

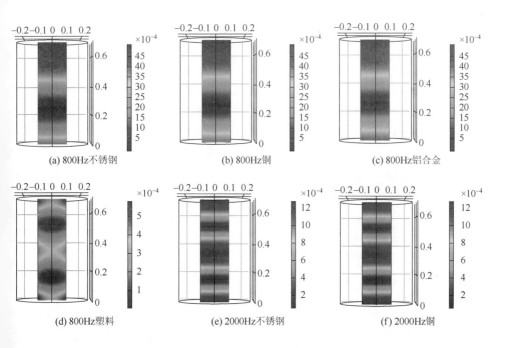

(a) 800Hz不锈钢　　　　　(b) 800Hz铜　　　　　(c) 800Hz铝合金

(d) 800Hz塑料　　　　　(e) 2000Hz不锈钢　　　　　(f) 2000Hz铜

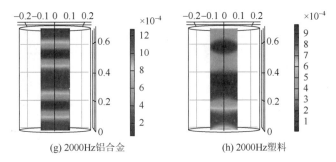

(g) 2000Hz铝合金 　　　　　(h) 2000Hz塑料

图 4-22　弹性圆管波导中不同材质声管高频加速度场分布图（三）（彩图扫封底二维码）

从上述图中可以看出，同一种材质的声管，频率越高，圆管声场中水平方向上的声压与加速度分布均匀性越差；同一种材质的声管，壁厚越薄，圆管声场中水平方向上的声压与加速度分布均匀性越差；同一个外形尺寸的声管，材料的刚度（弹性模量）越大对声管声场的特性影响越小[如不锈钢、铜、铝合金、塑料（尼龙）的弹性模量分别为205GPa、110GPa、70GPa、0.8GPa]。

4.2.3　影响矢量水听器驻波场测试结果的因素分析

由于矢量水听器通常尺度比较大，甚至可以和声管内径相比拟，因此，放入声场后，其引起的反射会导致声场分布特性发生变化。这里，将给出采用仿真分析方法对于矢量水听器几何尺度引起的圆管波导内部声场畸变规律，并且给出实验验证结果[15]。

1. 基于声场分析软件仿真分析放入水听器后的声场分布情况

为分析方便，这里研究的是刚性圆管波导中放入矢量水听器后，波导中复杂声

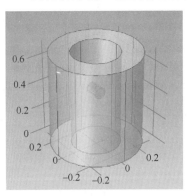

图 4-23　矢量水听器放入声管后
圆管波导中数值计算模型
（单位：m）

场的分析。首先要根据实际问题建立数值计算模型，其模型尺寸为：声管内半径为175mm，外半径为325mm，高为700mm。在声管内部填充液体水，圆柱形声管材料为不锈钢材料，其模型上端是开口的液体水-空气界面，下端为动圈式平面活塞发射器。圆柱形声管内放置一球形或圆柱形矢量水听器，如图4-23所示。

1）球形矢量水听器放入后声场分布情况

（1）球形矢量水听器直径占圆管波导内径的60%。

图4-24是球形矢量水听器放入圆管波导前后，在不同频点处内部声场分布图。

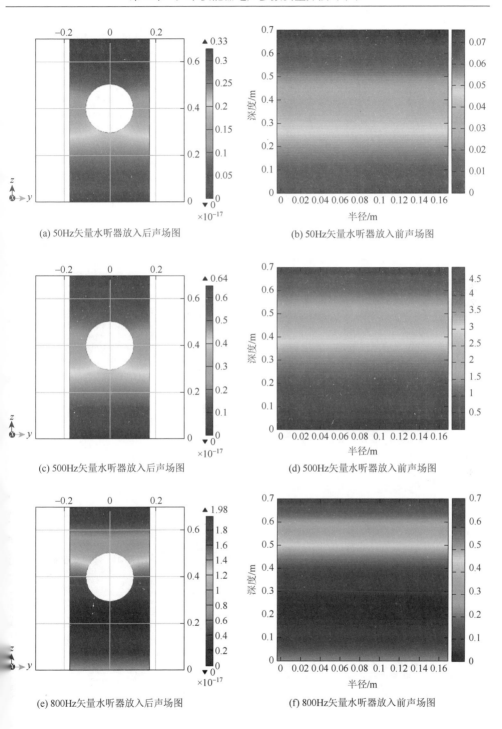

(a) 50Hz矢量水听器放入后声场图

(b) 50Hz矢量水听器放入前声场图

(c) 500Hz矢量水听器放入后声场图

(d) 500Hz矢量水听器放入前声场图

(e) 800Hz矢量水听器放入后声场图

(f) 800Hz矢量水听器放入前声场图

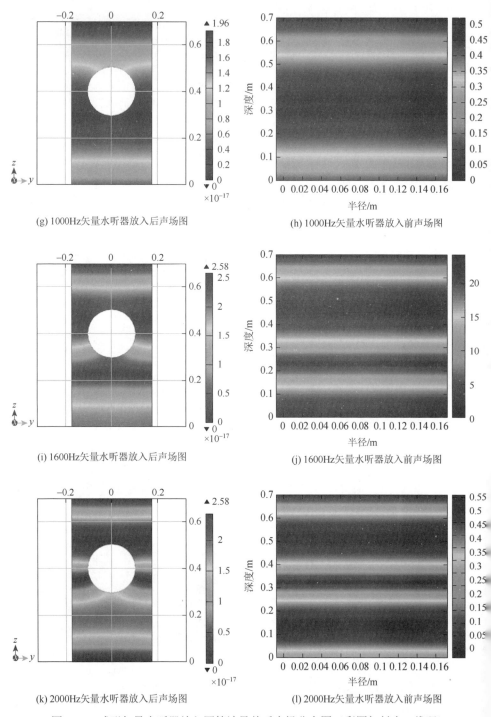

(g) 1000Hz矢量水听器放入后声场图

(h) 1000Hz矢量水听器放入前声场图

(i) 1600Hz矢量水听器放入后声场图

(j) 1600Hz矢量水听器放入前声场图

(k) 2000Hz矢量水听器放入后声场图

(l) 2000Hz矢量水听器放入前声场图

图 4-24 球形矢量水听器放入圆管波导前后声场分布图(彩图扫封底二维码)

由图 4-24 可以看出，在不同频率下，刚性外壳球形矢量水听器放入刚性管壁圆管波导前后声管内的声压场在竖直方向上是呈层状分布的，在不同的高度上声压值不同。在频率小于等于 1000Hz 时，声管内放入外形尺寸较大（矢量水听器直径 $a=210$mm，占圆管波导内径的 60%）的刚性外壳球形矢量水听器后声场基本无改变。当频率大于 1000Hz 时（1600Hz、2000Hz），圆管波导放入外形尺寸较大的矢量水听器后，声管内部声场圆周方向上，特别是球形矢量水听器附近圆周方向上的声压值开始出现明显起伏。同时，轴向方向上声压值驻波形式也发生改变，即轴向驻波相邻两个波峰值之间大小相差约 4dB。上述结果充分说明：声管内放入外形尺寸较大的矢量水听器后，在频率大于 1000Hz 时声场发生了较大畸变。

（2）球形矢量水听器直径分别为 50%、40%、30%、20%、10% 的圆管波导内径。

为了进一步研究球形矢量水听器外形尺寸对声场畸变的影响，逐步减小球形矢量水听器直径，并且主要关注 1600Hz 和 2000Hz 两个高频频率，仿真结果见图 4-25。

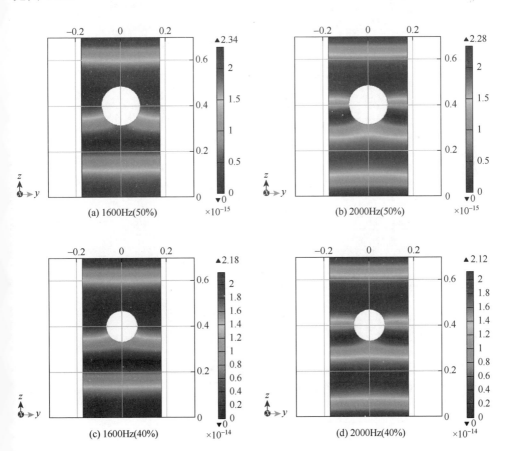

(a) 1600Hz(50%)　　　　　　　　　　　　　(b) 2000Hz(50%)

(c) 1600Hz(40%)　　　　　　　　　　　　　(d) 2000Hz(40%)

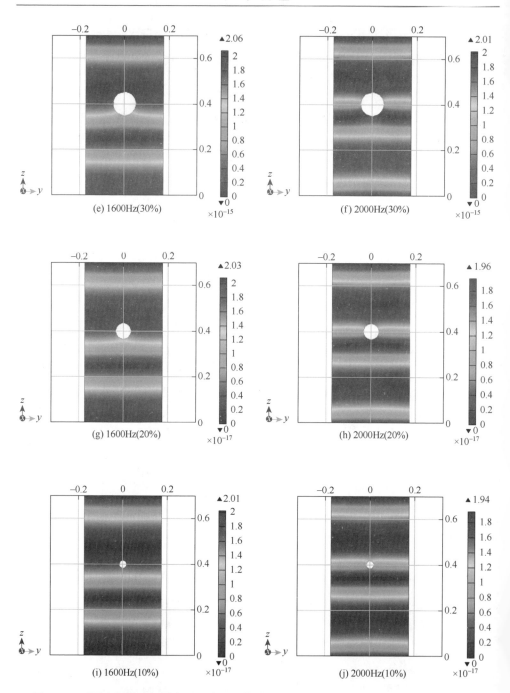

图 4-25　不同直径球形矢量水听器放入圆管波导后的声场分布图（彩图扫封底二维码）

由图 4-25 可知，对于刚性外壳球形矢量水听器，当直径大于等于 50%的圆管波导内径时，在球形矢量水听器的圆周方向声场有较明显的起伏。当直径小于 50% 的圆管波导内径时，在球形矢量水听器的圆周方向声压起伏随着直径的减小越来越小。同时，在轴向上，随着球形矢量水听器直径的减小，轴向上声场变化规律也趋于和圆管波导放入矢量水听器之前的声场一致。

因此，在刚性外壳球形矢量水听器外形尺寸小于 50%的圆管波导内径时，矢量水听器放入圆管波导后，内部声场基本不发生改变。

2）圆柱形矢量水听器放入后声场分布情况

（1）圆柱形矢量水听器直径占圆管波导内径的 60%。

图 4-26 是圆柱形矢量水听器放入圆管波导前后，在不同频点处内部声场分布图。

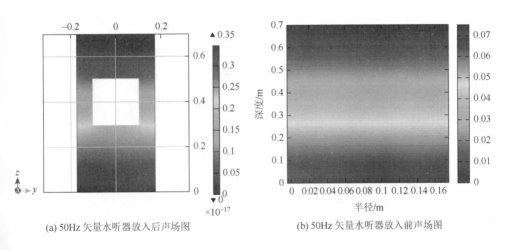

(a) 50Hz 矢量水听器放入后声场图　　　　　　(b) 50Hz 矢量水听器放入前声场图

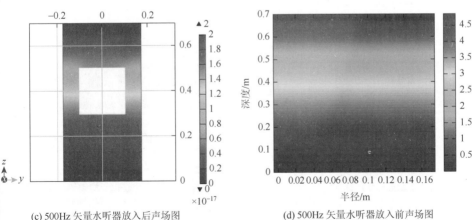

(c) 500Hz 矢量水听器放入后声场图　　　　　(d) 500Hz 矢量水听器放入前声场图

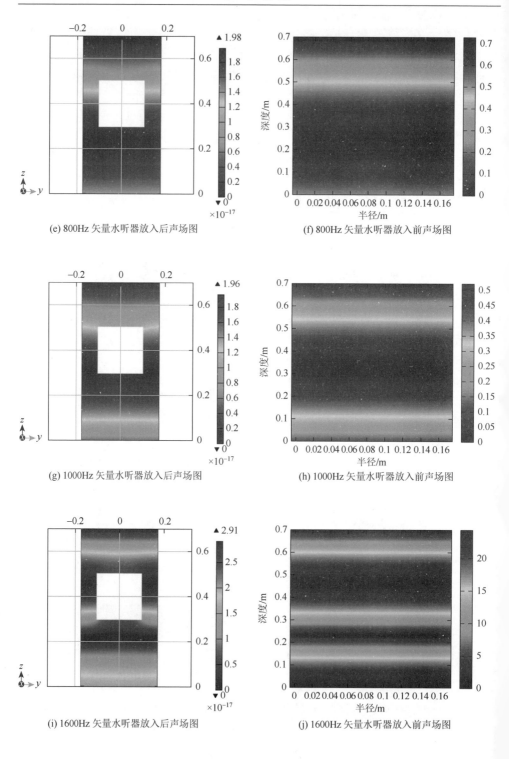

(e) 800Hz 矢量水听器放入后声场图　　　　(f) 800Hz 矢量水听器放入前声场图

(g) 1000Hz 矢量水听器放入后声场图　　　(h) 1000Hz 矢量水听器放入前声场图

(i) 1600Hz 矢量水听器放入后声场图　　　(j) 1600Hz 矢量水听器放入前声场图

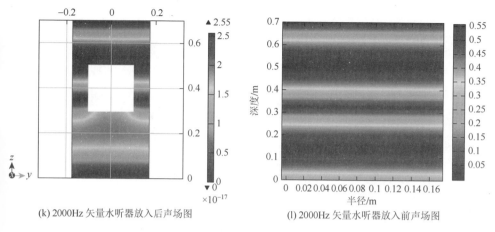

(k) 2000Hz 矢量水听器放入后声场图 (l) 2000Hz 矢量水听器放入前声场图

图 4-26　圆柱形矢量水听器放入圆管波导前后声场分布图（彩图扫封底二维码）

由图 4-26 可以看出，同球形矢量水听器放入圆管波导前后，圆柱形矢量水听器声场变化规律基本一致。

（2）圆柱形矢量水听器直径分别为 50%、40%、30%、20%、10% 的圆管波导内径。

为了进一步研究圆柱形矢量水听器外形尺寸对声场畸变的影响，逐步减小圆柱形矢量水听器直径，并且主要关注 1600Hz 和 2000Hz 两个高频频率，仿真结果见图 4-27。

由图 4-27 可以看出，同球形矢量水听器相比，当圆柱形矢量水听器直径小于 40% 的圆管波导内径时，在矢量水听器下方的圆周方向声压起伏开始变小。

（3）圆柱形矢量水听器长度分别为 50%、40%、30%、20%、10% 的圆管波导内径。

考虑到圆柱形直径不变，逐步减小其长度，然后分析声场变化特性（图 4-28）。

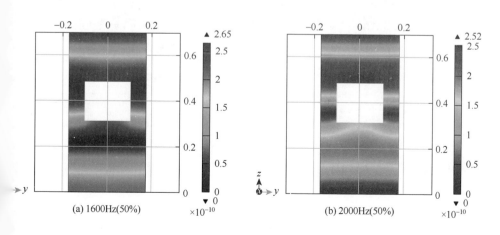

(a) 1600Hz(50%) (b) 2000Hz(50%)

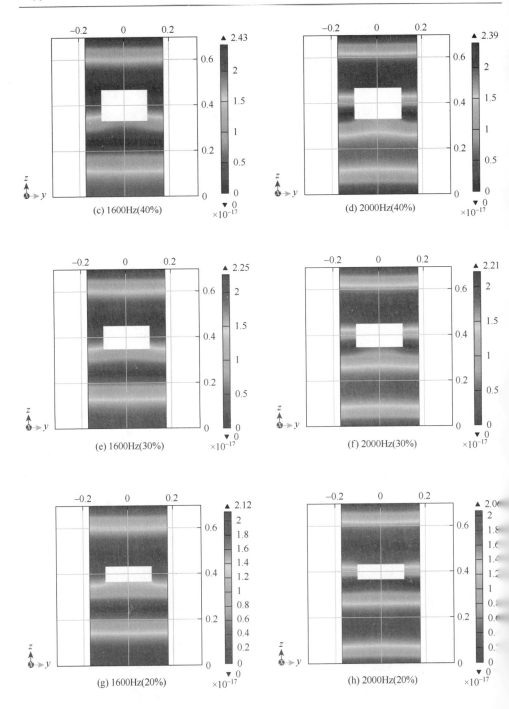

(c) 1600Hz(40%)

(d) 2000Hz(40%)

(e) 1600Hz(30%)

(f) 2000Hz(30%)

(g) 1600Hz(20%)

(h) 2000Hz(20%)

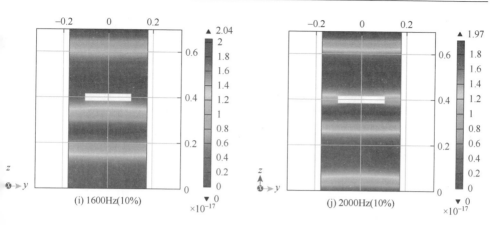

图 4-27　不同直径圆柱形矢量水听器放入圆管波导后的声场分布图（彩图扫封底二维码）

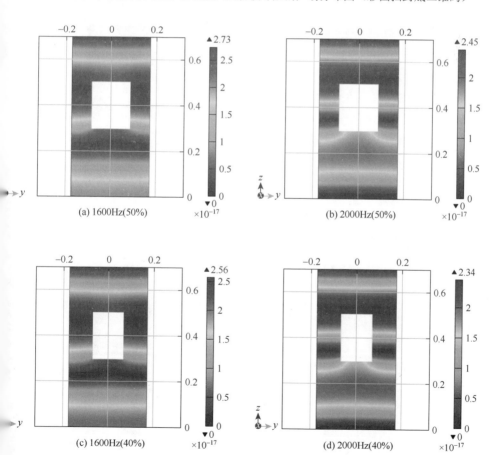

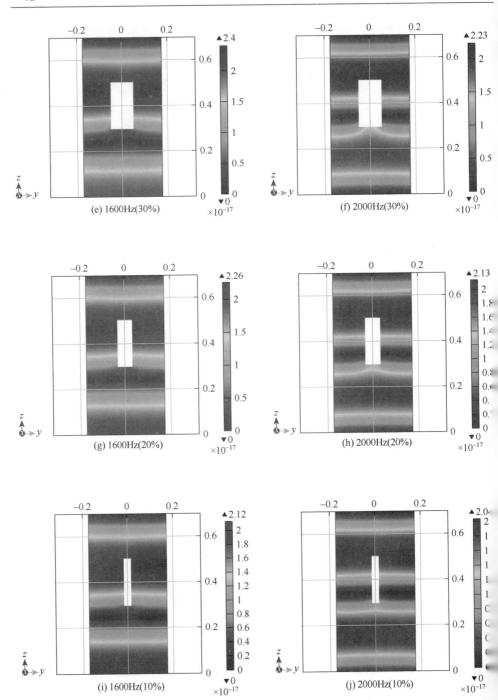

图 4-28 不同长度圆柱形矢量水听器放入圆管波导后的声场分布图（彩图扫封底二维码）

由图 4-28 可以看出，由圆柱形矢量水听器的长度变化引起的声场分布变化规律与直径变化引起的声场分布变化规律基本保持一致。

2. 基于声场分析软件仿真分析放入水听器后加速度场分布情况

根据实际中矢量水听器测量水介质加速度信息的要求，这里给出矢量水听器放入圆管波导后对加速度场分布特性的影响。

1）球形矢量水听器放入圆管波导前后加速度场分布特性

图 4-29 是将直径为 50mm 和 150mm 两只球形矢量水听器放入圆管波导前后加速度场分布图，分析频率为 20～2000Hz，其中给出 20Hz 和 2000Hz 频点处仿真结果。

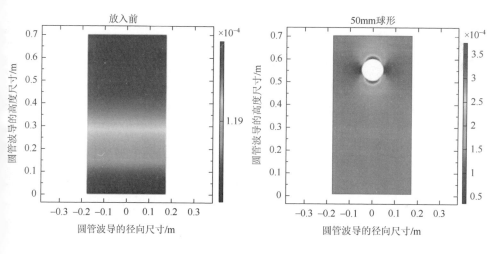

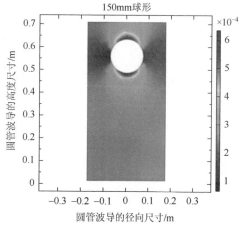

(a) f = 20Hz 时加速度场分布图[右侧图例代表加速度(m/s²)]

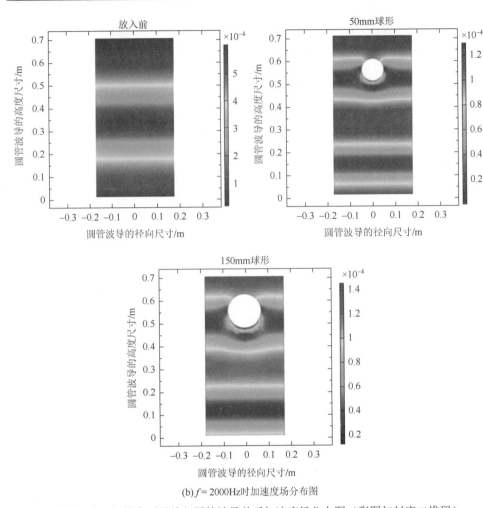

(b) $f = 2000\mathrm{Hz}$时加速度场分布图

图 4-29　球形矢量水听器放入圆管波导前后加速度场分布图（彩图扫封底二维码）

此类坐标标目后面同

　　由图 4-29 可以看出，矢量水听器放入圆管波导后，加速度矢量声场分布情况发生了明显畸变，主要表现是矢量水听器所在位置处的加速度值增加较大，低频时尤其显著，而其他区域加速度值变化不明显。

　　为定量分析，这里在 20～2000Hz 频率范围内提取上述轴向加速度值绘出图 4-30 所示对比曲线。在圆管波导中放入矢量水听器前后，加速度值发生变化的原因可能是：矢量水听器作为弹性体，在声波作用下产生了明显的振动，从而形成二次辐射影响了周围矢量声场。

　　由图 4-30 可以看到，随着频率的增加，不同尺度的水听器对声场中加速度值分布的影响明显不同，其中大尺度的水听器对声场加速度的影响更明显。在相同的频率和入水深度下，大尺度的矢量水听器造成的声场加速度场分布的畸变更大。

2）圆柱形矢量水听器放入圆管波导前后加速度场分布特性

图 4-31 是将直径为 50mm 和 150mm 两只圆柱形矢量水听器放入圆管波导前后加速度场分布图，分析频率为 20～2000Hz，其中给出 20Hz 和 2000Hz 频点处仿真结果。

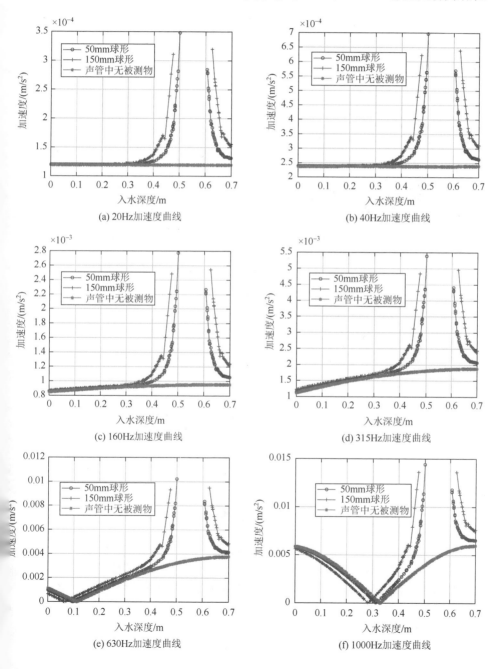

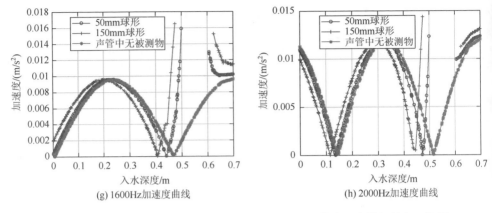

(g) 1600Hz加速度曲线　　　　　　　　(h) 2000Hz加速度曲线

图 4-30　球形矢量水听器放入声管前后轴向加速度对比曲线（彩图扫封底二维码）

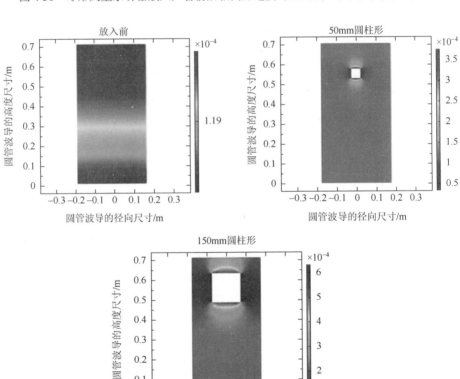

(a) $f = 20$Hz时加速度场分布图

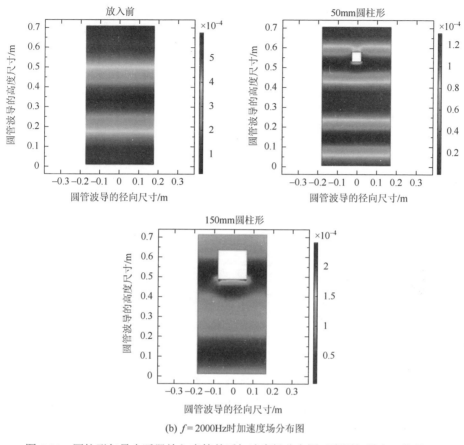

(b) $f = 2000 \mathrm{Hz}$ 时加速度场分布图

图 4-31　圆柱形矢量水听器放入声管前后加速度场分布图（彩图扫封底二维码）

由图 4-31 可以看到，圆柱形矢量水听器放入声管后，在声波作用下，同样也产生了明显振动。与球形矢量水听器放入声管后的加速度场分布图相似，矢量水听器所在区域位置处的加速度值显然比其他区域值大，因此分布图中的色彩也更为亮丽。

相比于球形矢量水听器，圆柱形矢量水听器在低于 1000Hz 的频带内，50mm 矢量水听器中心位置处加速度值比 150mm 的矢量水听器更大一些。为了进一步研究这种反差，将四种矢量水听器放入声管后其中心点的加速度值提取出来，绘制出图 4-32 所示曲线。

由图 4-32 可以看到，在 20～2000Hz 频率范围内，矢量水听器在声管内声波作用下出现了谐振现象，所以 50mm 的球形矢量水听器和圆柱形矢量水听器在 1250Hz 时出现最大加速度，而 150mm 的球形矢量水听器和圆柱形矢量水听器在 1600Hz 时出现最大加速度。由于矢量水听器的封装外壳是弹性材料，在声波的作用下出现的与结构相互耦合作用对声管内声场的均匀性影响较大。也进一步证明了对于同振式矢量水听器，其工作原理应该要求矢量水听器封装材料达到声学刚性。

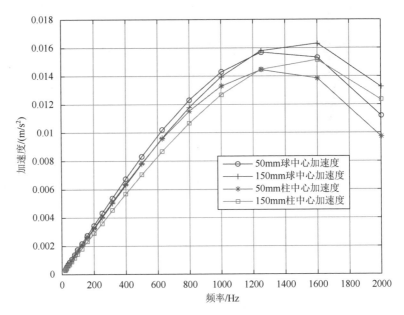

图 4-32　四种矢量水听器放入声管后中心点处加速度对比曲线

3. 验证实验

1）矢量水听器放入前圆管波导中声压场分布特性测量结果

在 20～800Hz 频带内圆管波导中水平方向上，扫描半径分别为 4cm、8cm、12cm、14cm 处声压分布曲线，如图 4-33 所示。

由图 4-33 分析可以看出，在 20～800Hz 频带内，声场的声压起伏基本都小于 ±0.5dB。在 20Hz、40Hz 的频点处，扫描半径为 14cm 时，声压起伏大于 ±0.5dB。这主要是测试系统低频信噪比低以及激振器辐射板边缘振动起伏大等导致的。

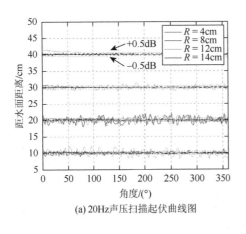

(a) 20Hz声压扫描起伏曲线图

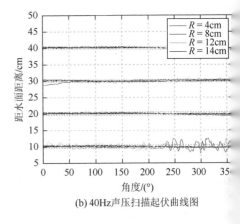

(b) 40Hz声压扫描起伏曲线图

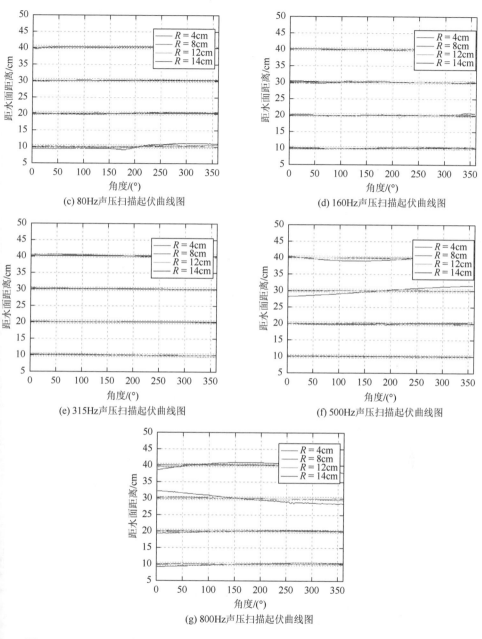

图 4-33　20～800Hz 频带内圆管波导中水平方向声压起伏图（彩图扫封底二维码）

为了更好地观测到高于 800Hz 的频带声压起伏状况，选择 1250Hz 和 2000Hz 两个频点，在不同深度上，以同样的扫描半径测试的声压起伏曲线如图 4-34 和图 4-35 所示。

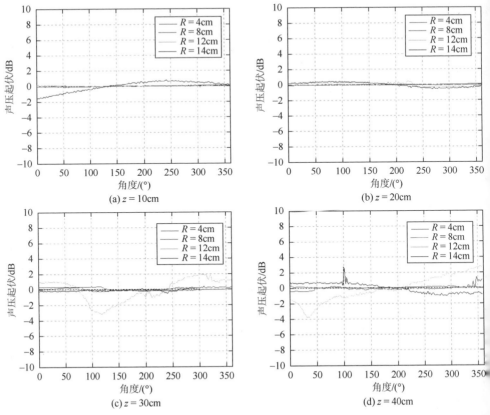

图 4-34　$f = 1250\text{Hz}$ 且水深 $z = 10\text{cm}$、20cm、30cm、40cm 声压起伏图（彩图扫封底二维码）

　　通过对图 4-34 和图 4-35 水平声压场起伏图的分析可以看出：在 1250Hz 和 2000Hz 频带内，扫描半径越大，声压起伏越剧烈，这是由激振器辐射板边缘振动引起的；当扫描半径 $R = 14\text{cm}$ 时，声压起伏均大于 $\pm0.5\text{dB}$，在较高的频点起伏甚至大于 $\pm2\text{dB}$。

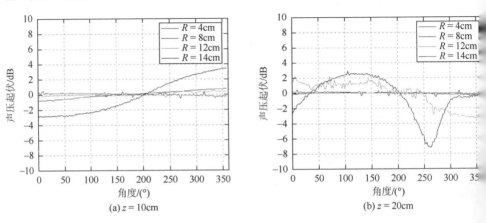

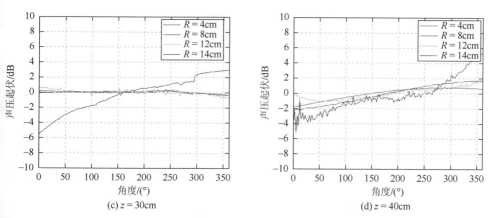

图 4-35　f = 2000Hz 且水深 z = 10cm、20cm、30cm、40cm 声压起伏图（彩图扫封底二维码）

2）放入矢量水听器后圆管波导中声压场分布特性测量结果

（1）放入直径 200mm 矢量水听器。

将直径为 200mm 的矢量水听器放入水深为 60cm 圆管波导中，由于矢量水听器尺寸较大，所以只能测量三个深度——10cm、20cm、50cm，图 4-36 是对其声压场进行扫描的曲线图。

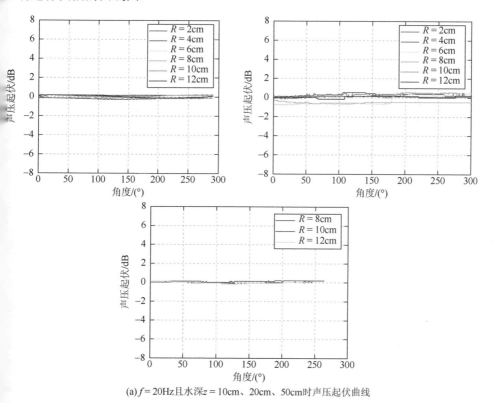

(a)f = 20Hz且水深z = 10cm、20cm、50cm时声压起伏曲线

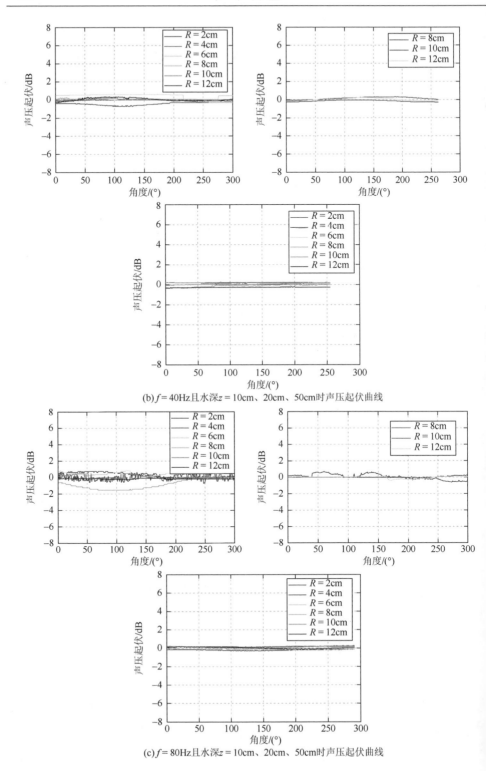

(b) $f = 40\text{Hz}$ 且水深 $z = 10\text{cm}$、20cm、50cm 时声压起伏曲线

(c) $f = 80\text{Hz}$ 且水深 $z = 10\text{cm}$、20cm、50cm 时声压起伏曲线

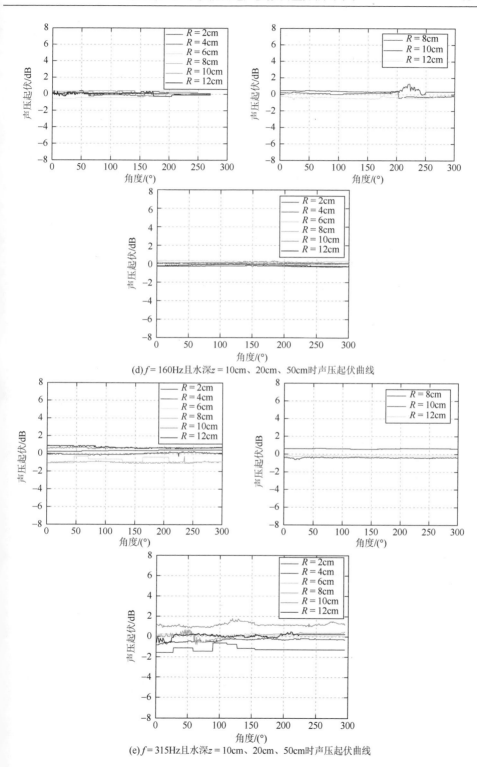

(d) $f = 160\text{Hz}$ 且水深 $z = 10\text{cm}$、20cm、50cm时声压起伏曲线

(e) $f = 315\text{Hz}$ 且水深 $z = 10\text{cm}$、20cm、50cm时声压起伏曲线

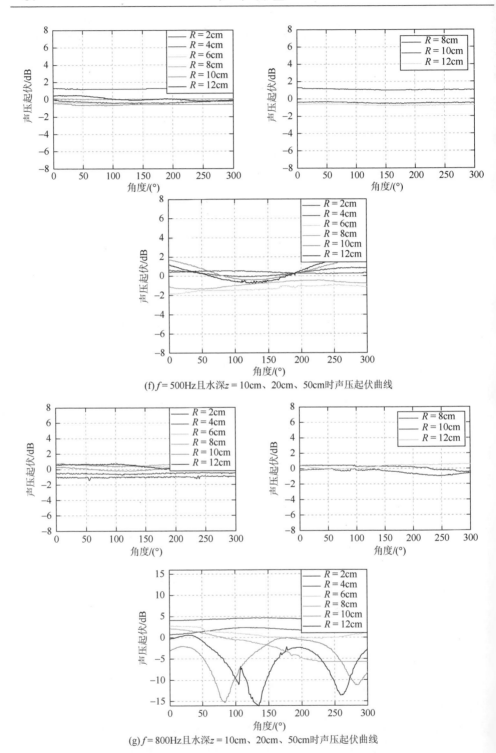

(f) $f = 500$Hz且水深$z = 10$cm、20cm、50cm时声压起伏曲线

(g) $f = 800$Hz且水深$z = 10$cm、20cm、50cm时声压起伏曲线

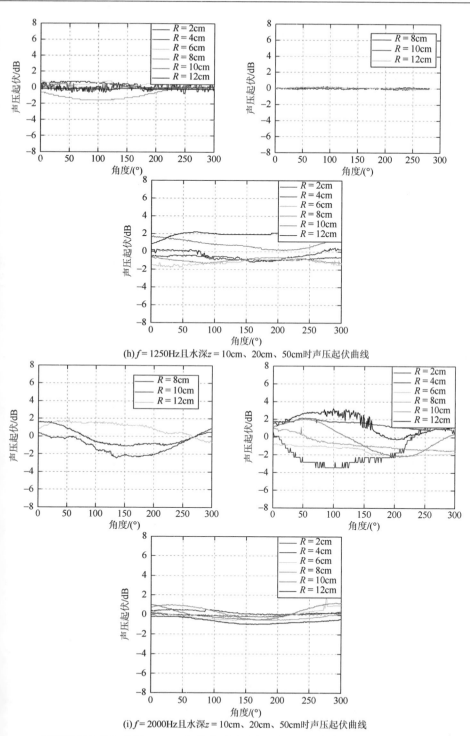

(h) $f = 1250\text{Hz}$ 且水深 $z = 10\text{cm}$、20cm、50cm 时声压起伏曲线

(i) $f = 2000\text{Hz}$ 且水深 $z = 10\text{cm}$、20cm、50cm 时声压起伏曲线

4-36　圆管波导中放入直径 200mm 矢量水听器后水平声压场分布曲线图（彩图扫封底二维码）

由图 4-36 可以看出，在 20～315Hz 频带内，声场中声压起伏大多小于 ±0.5dB，与圆管内无矢量水听器时基本一致；在 500～800Hz 频带内，当水深在 10cm 和 20cm 时，由于标准水听器 B&K8103 在矢量水听器上方扫描，此时声场无明显起伏，与圆管内无矢量水听器时基本一致。但在水深 50cm 时，由于标准水听器 B&K8103 在矢量水听器下方扫描，此时扫描半径越大声压起伏越大；在 800Hz 的频点处，声场明显出现较大起伏，尤其在水深 50cm 处，声压起伏最大可达到 ±15dB，因此直径 200mm 的矢量水听器在高频段时对圆管波导内声场分布产生严重影响。

（2）放入直径 160mm 矢量水听器。

放入直径为 160mm 的矢量水听器后，在四个不同水深 10cm、20cm、30cm、50cm 处进行声场扫描，图 4-37 是对其声压场进行扫描的曲线图。

由图 4-37 可以看出，在 20～315Hz 频带内声压起伏还基本稳定，有个别频点起伏稍大，可能是由于矢量水听器碰到了固定 B&K8103 水听器的支架。总体来说，在 20～315Hz 频带内该矢量水听器对声场影响很小；在 500～800Hz 频带内，水深 50cm 时的声压起伏较为明显，且扫描半径越大声压起伏越大；在 1.25～2kHz 频带内，在整个水深各点处声场都很不稳定，半径越大声压起伏越大。

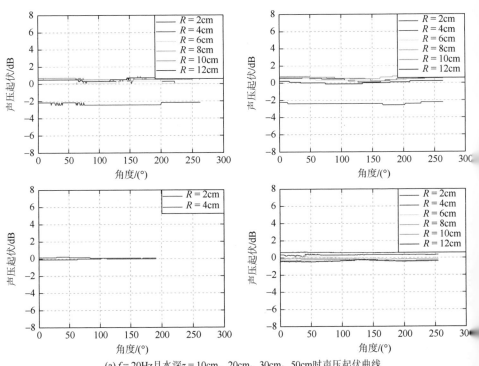

(a) $f = 20$Hz 且水深 $z = 10$cm、20cm、30cm、50cm 时声压起伏曲线

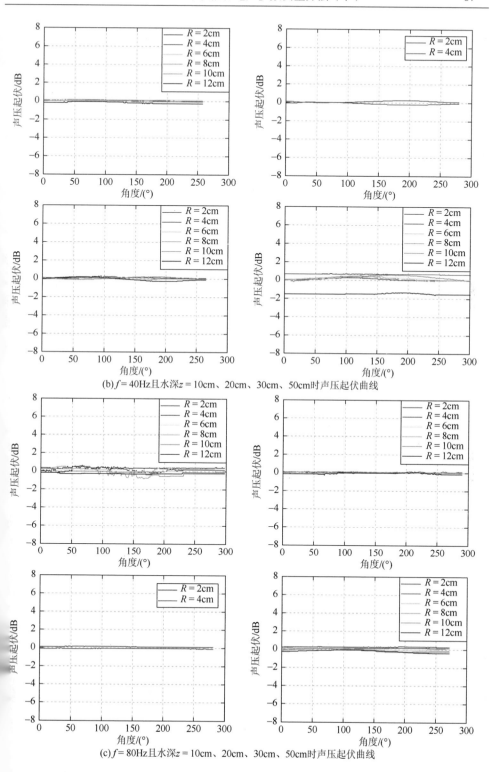

(b) $f = 40\text{Hz}$ 且水深 $z = 10\text{cm}$、20cm、30cm、50cm 时声压起伏曲线

(c) $f = 80\text{Hz}$ 且水深 $z = 10\text{cm}$、20cm、30cm、50cm 时声压起伏曲线

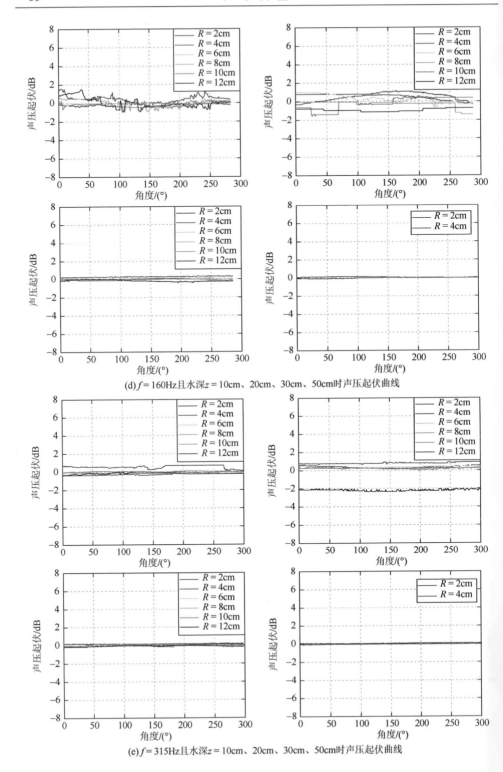

(d) $f = 160$Hz且水深$z = 10$cm、20cm、30cm、50cm时声压起伏曲线

(e) $f = 315$Hz且水深$z = 10$cm、20cm、30cm、50cm时声压起伏曲线

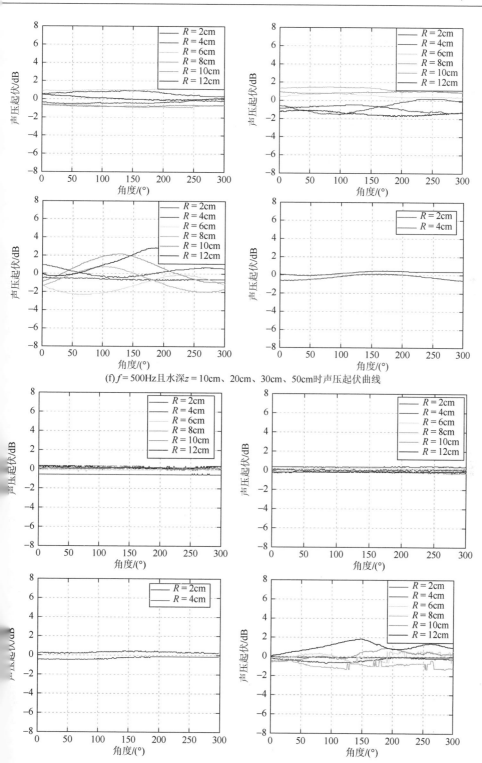

(f) $f = 500\text{Hz}$ 且水深 $z = 10\text{cm}$、20cm、30cm、50cm 时声压起伏曲线

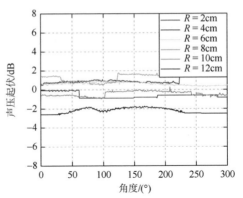

(g) $f = 800\mathrm{Hz}$ 且水深 $z = 10\mathrm{cm}$、$20\mathrm{cm}$、$30\mathrm{cm}$、$50\mathrm{cm}$、$80\mathrm{cm}$ 时声压起伏曲线

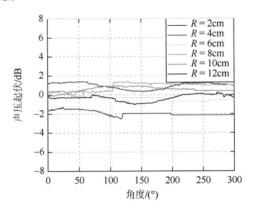

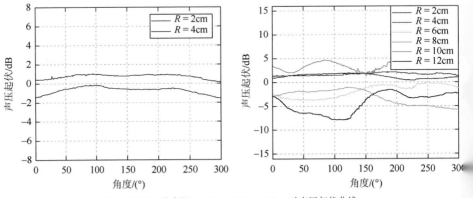

(h) $f = 1250\mathrm{Hz}$ 且水深 $z = 10\mathrm{cm}$、$30\mathrm{cm}$、$50\mathrm{cm}$ 时声压起伏曲线

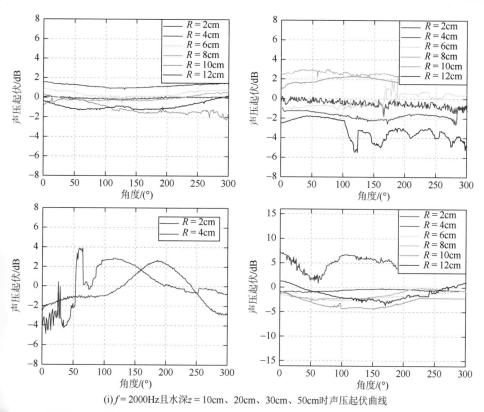

(i) $f = 2000\text{Hz}$ 且水深 $z = 10\text{cm}$、20cm、30cm、50cm 时声压起伏曲线

图 4-37　圆管波导中放入直径 160mm 矢量水听器后水平声压场分布曲线图（彩图扫封底二维码）

（3）放入直径 90mm 矢量水听器。

放入直径为 90mm 的矢量水听器后，在四个不同水深 10cm、20cm、30cm、□0cm 处进行声场扫描，图 4-38 是对其声压场进行扫描的曲线图。

由图 4-38 可以看出，在 20～800Hz 的低频带，圆管声场中声压分布基本与矢□水听器放入之前一致。在 500Hz 和 800Hz 处，圆管声场中的声压起伏变化较大；□ 1.25～2kHz 频带，深度越大声压起伏越大。

（4）放入直径 60mm 矢量水听器。

放入直径为 60mm 的矢量水听器后，在五个不同水深 10cm、20cm、30cm、□cm、50cm 处进行声场扫描，图 4-39 是对其声压场进行扫描的曲线图。

由图 4-39 可以看出，在 20～1000Hz 频带内，当放入直径 60mm 的矢量水听□时，圆管波导内声场基本不变。在 1.25～2kHz 频带内，声场有起伏，但起伏不□，特别是扫描半径小的时候。

3）圆管波导中轴向声压的实验与仿真结果对比

将上述实验测得的轴向声压值与仿真值进行对比，验证实验的有效性。选择矢量水听器直径分别为 60mm、90mm、160mm，对比结果见图 4-40～图 4-42。

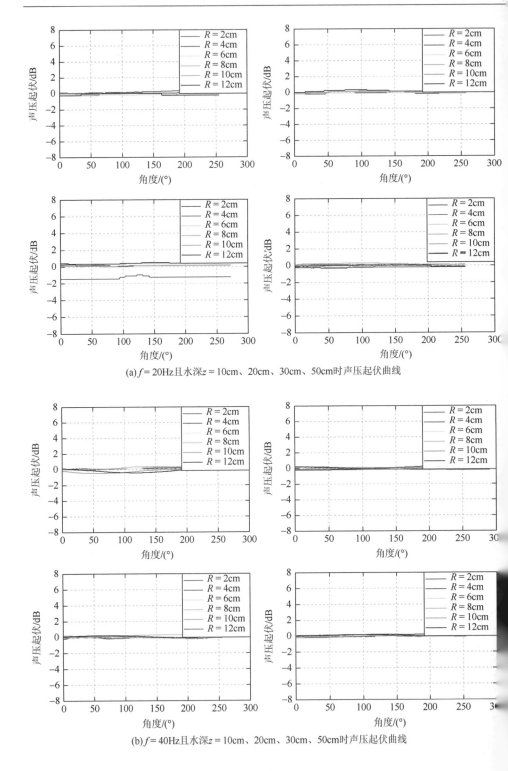

(a) $f = 20$Hz且水深 $z = 10$cm、20cm、30cm、50cm时声压起伏曲线

(b) $f = 40$Hz且水深 $z = 10$cm、20cm、30cm、50cm时声压起伏曲线

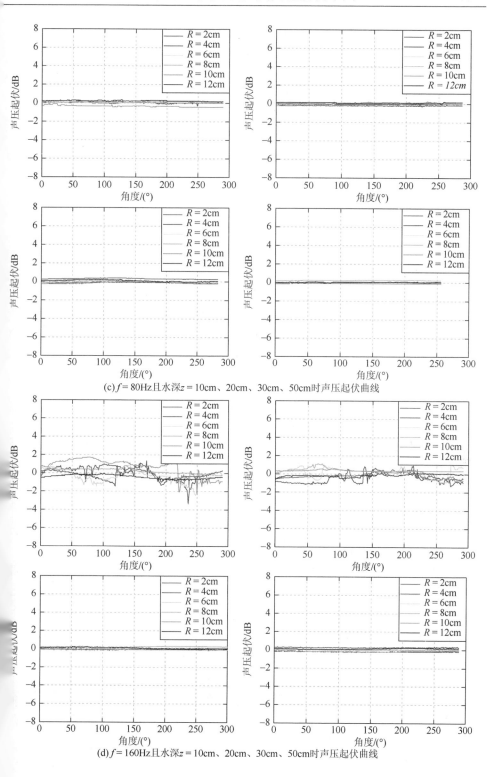

(c) $f = 80$Hz且水深$z = 10$cm、20cm、30cm、50cm时声压起伏曲线

(d) $f = 160$Hz且水深$z = 10$cm、20cm、30cm、50cm时声压起伏曲线

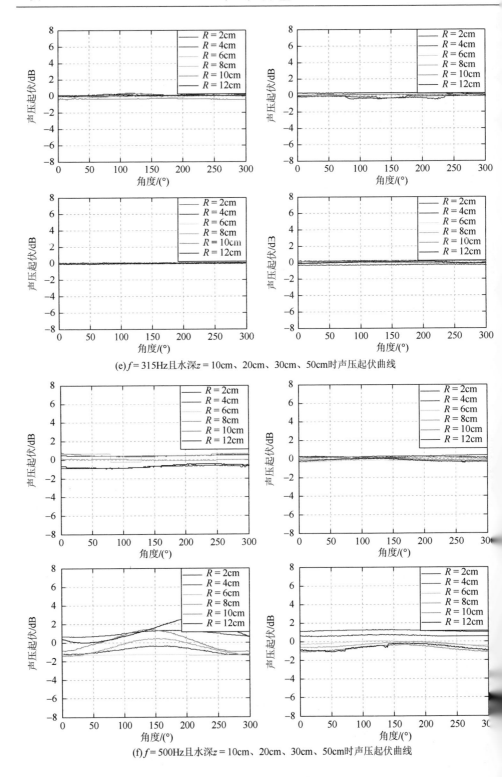

(e) $f = 315\text{Hz}$ 且水深 $z = 10\text{cm}$、20cm、30cm、50cm 时声压起伏曲线

(f) $f = 500\text{Hz}$ 且水深 $z = 10\text{cm}$、20cm、30cm、50cm 时声压起伏曲线

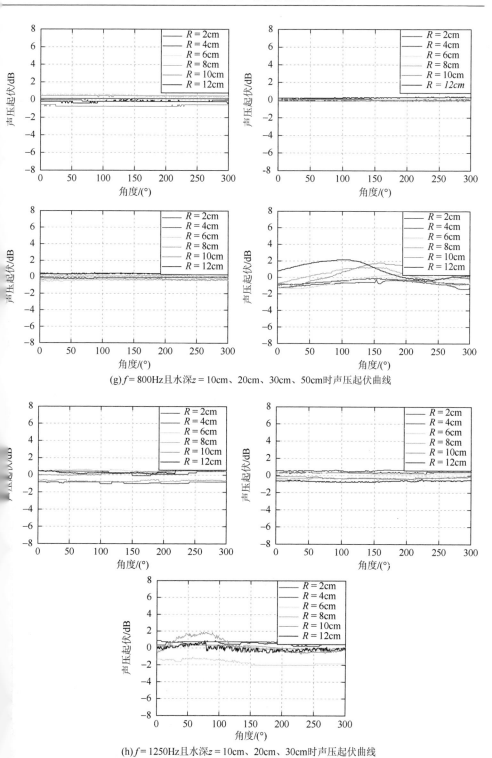

(g) $f=800\text{Hz}$ 且水深 $z=10\text{cm}$、20cm、30cm、50cm 时声压起伏曲线

(h) $f=1250\text{Hz}$ 且水深 $z=10\text{cm}$、20cm、30cm 时声压起伏曲线

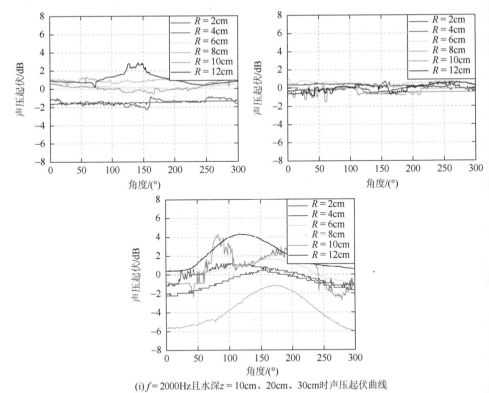

(i) $f = 2000$Hz且水深$z = 10$cm、20cm、30cm时声压起伏曲线

图4-38　圆管波导中放入直径90mm矢量水听器后水平声压场分布曲线图(彩图扫封底二维码

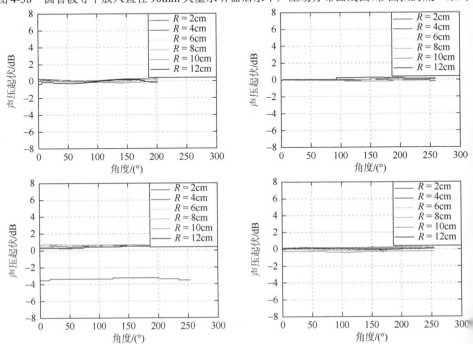

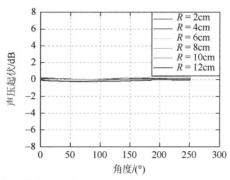

(a) $f = 20\text{Hz}$ 且水深 $z = 10\text{cm}$、20cm、30cm、40cm、50cm 时声压起伏曲线

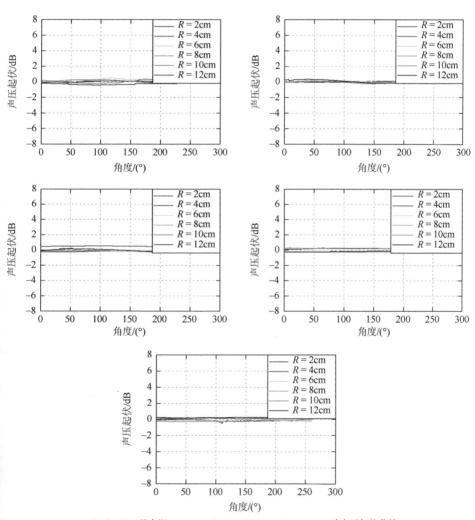

(b) $f = 40\text{Hz}$ 且水深 $z = 10\text{cm}$、20cm、30cm、40cm、50cm 时声压起伏曲线

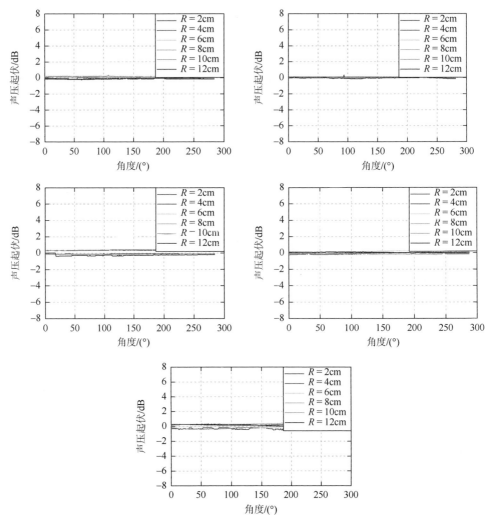

(c) $f = 80$Hz且水深$z = 10$cm、20cm、30cm、40cm、50cm时声压起伏曲线

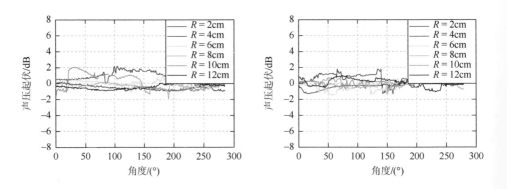

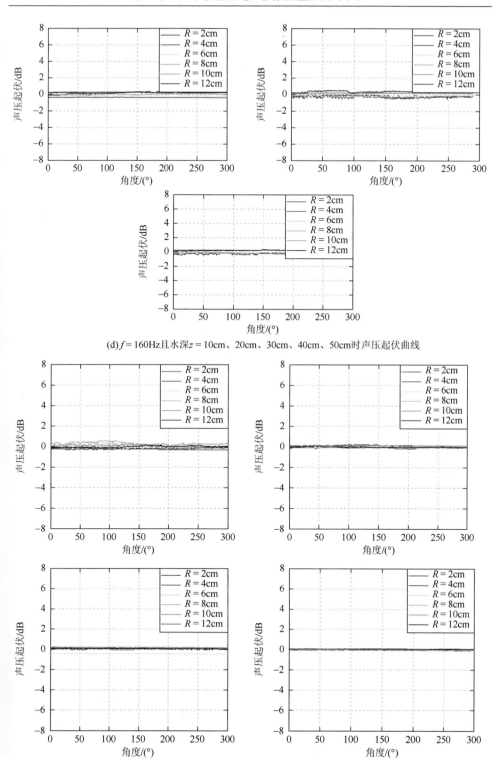

(d) $f = 160\text{Hz}$且水深$z = 10\text{cm}$、20cm、30cm、40cm、50cm时声压起伏曲线

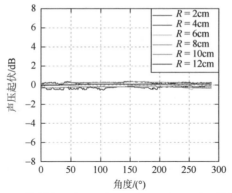

(e) $f = 315$Hz且水深$z = 10$cm、20cm、30cm、40cm、50cm时声压起伏曲线

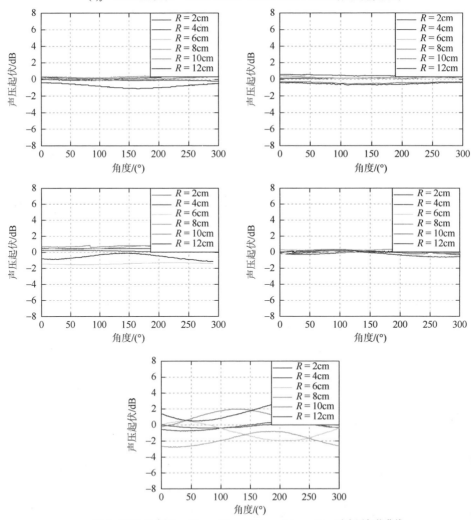

(f) $f = 500$Hz且水深$z = 10$cm、20cm、30cm、40cm、50cm时声压起伏曲线

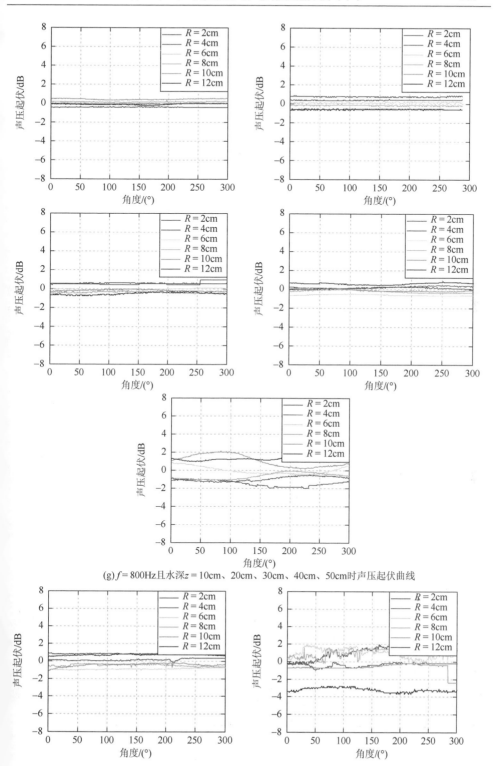

(g) $f = 800$Hz且水深$z = 10$cm、20cm、30cm、40cm、50cm时声压起伏曲线

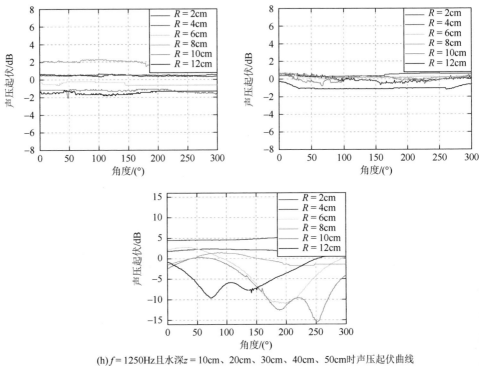

(h) $f = 1250\text{Hz}$ 且水深 $z = 10\text{cm}$、20cm、30cm、40cm、50cm 时声压起伏曲线

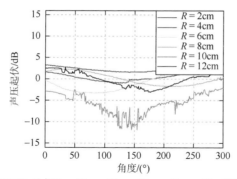

(i) f = 2000Hz 且水深 z = 10cm、20cm、30cm、40cm、50cm 时声压起伏曲线

图 4-39　圆管波导中放入直径 60mm 矢量水听器后水平声压场分布曲线图（彩图扫封底二维码）

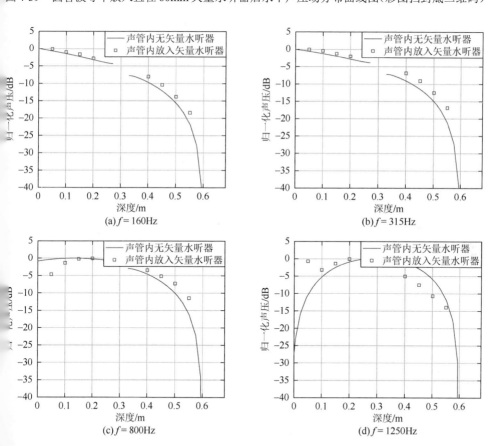

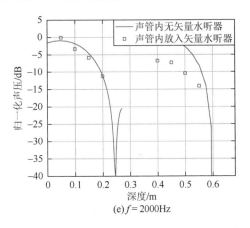

(e) $f = 2000$Hz

图 4-40　直径 60mm 矢量水听器放入后轴向声压分布对比图

由图 4-40 可以看出，在低频时实验值与理论值基本吻合，而在 1250Hz 和 2000Hz 时声压分布趋势基本一致。

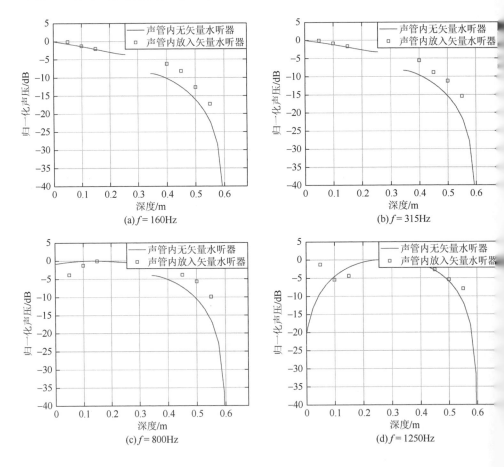

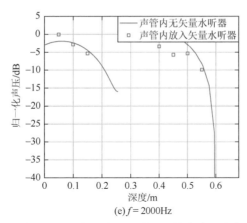

(e) $f = 2000\text{Hz}$

图 4-41   直径 90mm 矢量水听器放入后轴向声压分布对比图

由图 4-41 可以看出，直径为 90mm 的矢量水听器放入圆管中后声压的测试值与仿真值基本吻合。当频率较低，且入水深度较大时，实验测试值比仿真值偏高。当频率较高时，在入水深度较小（5mm）的情况下，声压的测量值和仿真值之间偏差较大。

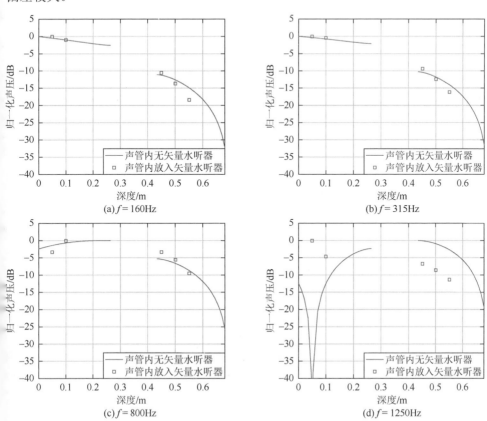

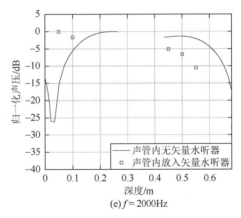

(e) $f = 2000\text{Hz}$

图 4-42　直径 160mm 矢量水听器放入后轴向声压分布对比图

由图 4-42 可以看出，在低频时测量值与仿真值依旧吻合得比较好，但高频时出现了较大的偏差。

4.2.4　矢量水听器灵敏度驻波场校准方法

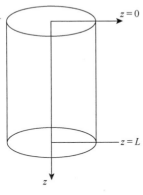

图 4-43　圆管波导柱坐标系

同声压水听器一样，矢量水听器的校准方法分为一级校准方法（绝对法）和二级校准方法（比较法）两个级别。目前，在矢量水听器一级校准中采用的是振动液柱法。

1. 圆管波导中驻波场各物理量之间的关系

首先，根据实际工程实施过程中经常采用的圆柱几何形状，建立如图 4-43 所示的柱坐标系，设充水圆管中水柱高度为 L，圆管上端空气-水界面圆心处为坐标原点 $z = 0$，圆管下端 $z = L$ 处置放发射器。

如前所述，如果测试时工作频带低于圆管波导的截止频率，则管中只存在(0, 0)阶简正波，且以平面驻波形式存在，其轴向声压表达式为

$$p(z,t) = -\text{j}\rho c u_0 \frac{s_1}{s_2} \frac{\sin(kz)}{\cos(kL)} \text{e}^{\text{j}\omega t} \qquad (4\text{-}56)$$

相应地，管中质点振速和质点加速度的表达式为

$$\begin{cases} u(z,t) = u_0 \dfrac{s_1}{s_2} \dfrac{\cos(kz)}{\cos(kL)} \text{e}^{\text{j}\omega t} \\[3mm] a(z,t) = \text{j}\omega u_0 \dfrac{s_1}{s_2} \dfrac{\cos(kz)}{\cos(kL)} \text{e}^{\text{j}\omega t} \end{cases} \qquad (4\text{-}57)$$

式中，ρ 为水介质密度；c 为水中声速；ω 为角频率；$s_1=\pi a^2$，$s_2=\pi b^2$ 分别为发射器辐射面面积和圆管横截面面积，a、b 分别为辐射面的半径和圆管横截面的半径；u_0 为圆面活塞辐射器振动面的振速幅值，其振速函数分布形式是

$$u(r,t)=\begin{cases} u_0 e^{j\omega t}, & 0\leqslant r\leqslant a \\ 0, & a<r\leqslant b \end{cases} \tag{4-58}$$

从式（4-56）和式（4-57）可以看到，圆管波导中声压分布函数表现为正弦函数形式的驻波，质点振速函数表现为余弦函数形式的驻波。

2. 矢量水听器灵敏度驻波场比较校准方法

比较校准方法的基本原理是将未知量与标准（或参考）量在相同条件下进行比对，从而获得未知量。矢量水听器的灵敏度比较校准方法是与标准声压水听器灵敏度进行比较而得到的。因此，根据灵敏度定义，在圆管波导声场中，矢量水听器的输出开路电压信号与声场中矢量水听器等效声中心所在的轴向某点 z_u 或 z_a 处质点振速或质点加速度成正比，即

$$\begin{cases} e_{uoc}=M_u u \\ e_{aoc}=M_a a \end{cases} \tag{4-59}$$

同时，标准声压水听器的输出开路电压信号与声场中其等效声中心所在的某点 z_r 处的声压成正比，即

$$e_{p_r oc}=M_{p_r} p_r \tag{4-60}$$

因此，将式（4-57）～式（4-60）联立，就可以得到以标准声压水听器灵敏度 M_{p_r} 为已知量的矢量水听器振速灵敏度或加速度灵敏度的表达式：

$$\begin{cases} M_u=\rho c\times\dfrac{\sin(kz_r)}{\cos(kz_u)}\times\dfrac{e_{uoc}}{e_{poc}}\times M_{p_r} \\ M_a=\dfrac{\rho c}{j\omega}\times\dfrac{\sin(kz_r)}{\cos(kz_a)}\times\dfrac{e_{aoc}}{e_{poc}}\times M_{p_r} \end{cases} \tag{4-61}$$

式（4-61）表明，校准时，待测的矢量水听器和标准声压水听器同时放在圆管波导中轴向不同的深度处。如果声场水平方向起伏较小，测试时可以将待测的矢量水听器和标准声压水听器同时放在圆管波导中某一相同深度处，这样，式（4-61）就简化成

$$\begin{cases} M_u=\rho c\times\tan(kz)\times\dfrac{e_{uoc}}{e_{poc}}\times M_{p_r} \\ M_a=\dfrac{\rho c}{j\omega}\times\tan(kz)\times\dfrac{e_{aoc}}{e_{poc}}\times M_{p_r} \end{cases} \tag{4-62}$$

如前所述，为了方便比对，由式（4-62）可以得到用声压表征的矢量水听器声压灵敏度与标准声压水听器灵敏度之间的关系为

$$\begin{cases} M_{up} = \tan(kz) \times \dfrac{e_{uoc}}{e_{poc}} \times M_{p_r} \\ M_{ap} = \tan(kz) \times \dfrac{e_{aoc}}{e_{poc}} \times M_{p_r} \end{cases} \tag{4-63}$$

3. 矢量水听器灵敏度驻波场绝对校准方法

矢量水听器驻波场绝对校准方法类似于振动液柱法，属于阻抗校准法中的一种，是一种一级校准方法。所谓阻抗校准法是指待校水听器的声压灵敏度是通过直接测量水听器的开路输出电压和间接测量作用在水听器上的实际声压来求得的，而作用在水听器上的实际声压是利用介质的声阻抗和边界条件以及声源的参数求得的。

由式（4-57）可以得到圆管波导中轴向任意深度 h 处的质点振速或质点加速度为

$$\begin{cases} u(h) = u_0 \dfrac{s_1}{s_2} \dfrac{\cos(kh)}{\cos(kL)} \\ a(h) = j\omega u_0 \dfrac{s_1}{s_2} \dfrac{\cos(kh)}{\cos(kL)} \end{cases} \tag{4-64}$$

因此，如果在圆管底部圆面活塞辐射器振动表面安装一只振动传感器，就可以直接测得 u_0。例如，用一个已知电压灵敏度为 S_{a_r} 的标准加速度计来测量圆面活塞辐射器表面上的加速度幅值 a_{r0}，则有

$$\begin{cases} a_{r0} = \dfrac{e_{a_r oc}}{S_{a_r}} \\ u_{r0} = \dfrac{1}{j\omega} a_{r0} \end{cases} \tag{4-65}$$

那么，放在圆管声场中深度 h 处的矢量水听器的振速灵敏度或加速度灵敏度为

$$\begin{cases} M_u = j\omega \dfrac{e_{uoc}}{e_{a_r oc}} \times \dfrac{\cos(kL)}{\cos(kh)} \times \dfrac{s_2}{s_1} \times S_{a_r} \\ M_a = \dfrac{e_{aoc}}{e_{a_r oc}} \times \dfrac{\cos(kL)}{\cos(kh)} \times \dfrac{s_2}{s_1} \times S_{a_r} \end{cases} \tag{4-66}$$

同理，为了方便比对，由式（4-66）和式（4-6）可以得到用声压表征的矢量水听器声压灵敏度及声压灵敏度［级］与标准加速度计灵敏度之间的关系为

$$
\begin{cases}
M_{up} = \mathrm{j}\dfrac{\omega}{\rho c} \times \dfrac{e_{a\mathrm{oc}}}{e_{a_r\mathrm{oc}}} \times \dfrac{\cos(kL)}{\cos(kh)} \times \dfrac{s_2}{s_1} \times S_{a_r} \\[2mm]
M_{ap} = \dfrac{\omega}{\rho c} \times \dfrac{e_{a\mathrm{oc}}}{e_{a_r\mathrm{oc}}} \times \dfrac{\cos(kL)}{\cos(kh)} \times \dfrac{s_2}{s_1} \times S_{a_r} \\[2mm]
L_{M_{up}} = 20\lg\dfrac{e_{a\mathrm{oc}}}{e_{a_r\mathrm{oc}}} + 20\lg\dfrac{\cos(kL)}{\cos(kh)} + 20\lg\dfrac{\omega}{\rho c} + 20\lg\dfrac{s_2}{s_1} + L_{S_{a_r}} - 120 \\[2mm]
L_{M_{ap}} = 20\lg\dfrac{e_{a\mathrm{oc}}}{e_{a_r\mathrm{oc}}} + 20\lg\dfrac{\cos(kL)}{\cos(kh)} + 20\lg\dfrac{\omega}{\rho c} + 20\lg\dfrac{s_2}{s_1} + L_{S_{a_r}} - 120
\end{cases}
\tag{4-67}
$$

同时，如上所述，也可以在此圆管波导中校准组合式矢量水听器的声压通道灵敏度，包括对单只声压水听器灵敏度进行独立校准，方法是将被测水听器（声压水听器或矢量水听器）悬置于圆管声场中轴向深度 h 处，若测得声压水听器（或者矢量水听器的声压通道）的开路输出电压为 $e_{p\mathrm{oc}}$，则其声压灵敏度 M_p 及声压灵敏度级为

$$
\begin{cases}
M_{p_x} = \dfrac{\omega}{\rho c} \times \dfrac{e_{p_x\mathrm{oc}}}{e_{a_r\mathrm{oc}}} \times \dfrac{\cos(kL)}{\sin(kh)} \times \dfrac{s_2}{s_1} \times S_{a_r} \\[2mm]
L_{M_{p_x}} = 20\lg\dfrac{e_{p_x\mathrm{oc}}}{e_{a_r\mathrm{oc}}} + 20\lg\dfrac{\cos(kL)}{\sin(kh)} + 20\lg\dfrac{\omega}{\rho c} + 20\lg\dfrac{s_2}{s_1} + L_{S_{a_r}} - 120
\end{cases}
\tag{4-68}
$$

4. 矢量水听器灵敏度测试方法优化设计

由上述矢量水听器比较法和绝对法灵敏度校准式（4-62）、式（4-63）、式（4-66）～式（4-68）可以看到，圆管中的水柱深度 L 和测量点深度 h 与波数 k 的乘积 kL 和 kh 的取值要保证能够使 $\cos(kL)$、$\cos(kh)$、$\sin(kh)$ 是有限值，从而使校准有效，因此在 $20\sim2000\mathrm{Hz}$ 频带内，每个频点上有一个最佳的水柱深度 L 和测量点深度 h。

为了分析方便，把式（4-62）、式（4-63）、式（4-66）～式（4-68）统一简化为

$$
L_M = L_A + \varDelta_1(\varDelta_2)
\tag{4-69}
$$

式中

$$
\begin{cases}
\varDelta_1 = 20\lg k\dfrac{\cos(kL)}{\sin(kh)} \\[2mm]
\varDelta_2 = 20\lg k\dfrac{\cos(kL)}{\cos(kh)}
\end{cases}
\tag{4-70}
$$

对式（4-70）进行分析，会发现水柱深度 L 和测量点深度 h 不同，该公式的计算值会在某些频点出现突变，具体情况如图 4-44、图 4-45 所示。

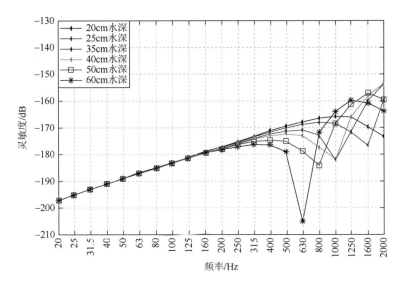

图 4-44 不同水深下矢量通道计算值 Δ_1 随频率的变化曲线（彩图扫封底二维码）

从图 4-44 可以看出，水柱深度 L 由 60cm 减小到 20cm，每减小 10cm 水深计算值的突降点所在的频率就向更高的频率移动，相应的水深越小，按照每 1/3 倍频程增加 2dB 变化的直线段就越宽。

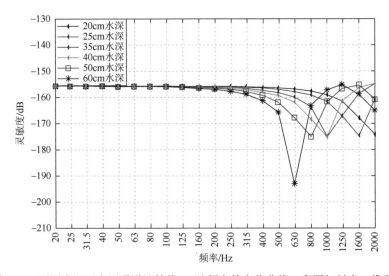

图 4-45 不同水深下声压通道计算值 Δ_2 随频率的变化曲线（彩图扫封底二维码）

从图 4-45 可以看出，声压通道的灵敏度值同样出现了突降点，并且与矢量通道的计算公式中出现突降点所在的频点相同。

综上所述，水柱深度 L 应该尽量选择小一些，特别是高频测量时。同时，这里将水深设定为 20cm，矢量水听器在水面下的位置分别为 5cm、10cm、15cm 时，不同测量点深度 h 对校准结果的影响，如图 4-46 所示。

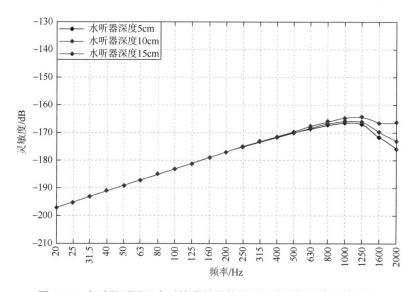

图 4-46　水听器不同深度对校准结果的影响（彩图扫封底二维码）

从图 4-46 可以看出，水听器所在位置 h 不能改变水柱深度 L 突变点所在的位置，突变点之前不同深度上的计算值基本相同，仅在突变点以后有所不同。

4.2.5　矢量水听器动态范围测量方法

1. 矢量水听器自噪声测量方法

1）直接测量法

直接测量法是参照声压水听器等效噪声声压级测量方法，即在真空、隔振环境下，将水听器的输出电信号直接折合到输入端的方法。声压水听器等效噪声声压定义为自由场下沿水听器主轴方向接收的某平面正弦行波声压，该声压使水听器产生的开路电压等于水听器在无背景噪声环境下的 1Hz 带宽固有噪声电压，用公式表示即为

$$p = \frac{U_s}{M_p} \tag{4-71}$$

式中，U_s 为水听器电缆末端的 1Hz 带宽的开路噪声电压，单位为 V；M_p 是水听器的自由场声压灵敏度，单位为 V/μPa。相应的等效自噪声声压谱级表示为

$$L_{ps} = 20\lg U_S - 20\lg M_p - 20\lg p_{\text{ref}}$$ （4-72）

式中，$p_{\text{ref}} = 1\mu\text{Pa}$ 为参考声压。

在实测中 1Hz 带宽噪声电压是无法直接得到的，实际采集到的是带宽 Δf 内的水听器固有噪声的均方电压 U。对于声压水听器的噪声，主要考虑的是热噪声，因此在测量带宽 Δf 内可认为频谱是均匀的。因此，1Hz 内的水听器电缆输出端的固有噪声电的均方值为

$$U_S^2 = \frac{U^2}{\Delta f}$$ （4-73）

所以声压水听器的等效噪声声压谱级表示为

$$L_{ps} = 20\lg U - 20\lg M_p - 20\lg p_{\text{ref}} - 10\lg \Delta f$$ （4-74）

式中，电压 U 为采集到的实测带宽 Δf 中的水听器电缆输出的有效电压，单位为 V。

如上所述，对于同振式矢量水听器等效噪声加速度的直接测量也可采用上述方法，但由于该方法受环境噪声影响严重，测量精度很低，同时根据相关文献可知，矢量水听器与声压水听器不同，其等效自噪声不仅仅只有热噪声，还有结构自振动产生的噪声，因此，在测量带宽 Δf 内频谱不一定保持均匀，计算开路输出电压 U_S 不能通过式（4-73）得到。所以，在采用直接测量法测量矢量水听器噪声加速度级时，是通过计算加速度自功率谱密度来得到的，这样既可以消除环境噪声干扰，还可以获得开路输出电压 U_S。

将矢量水听器线缆末端输出的时域噪声信号设为 $x(t)$，则矢量水听器输出噪声电压的自功率谱密度可以表示为

$$S_{xx}(\omega) = \int_{-T/2}^{T/2} R_{xx}(\tau)\text{e}^{j\omega\tau}\text{d}\tau$$ （4-75）

式中，$R_{xx}(\tau)$ 为时域噪声信号 $x(t)$ 的自功率谱密度。从而得到矢量水听器等效噪声加速度谱密度的表达式：

$$a(\omega) = \frac{S_{xx}(\omega)}{M_a}$$ （4-76）

式中，M_a 为矢量水听器的自由场加速度灵敏度。

　　2）间接测量法

由于矢量水听器一般有两个矢量通道 X、Y 或三个矢量通道 X、Y、Z，在矢量水听器设计时要保证各通道之间的幅值和相位一致性良好。同时，各通道的自噪声只与自身加速度计的材料、结构、连接方式等有关，且各通道的自噪声参量之间彼此不相关。在对矢量水听器进行自噪声测试时，由于处于同一位置，各个通道的环境背景噪声完全相同，因此，通过对矢量水听器的两个矢量通道的输出信号进行互相关计算，可以去除彼此不相关的自噪声信号，从而获得环境噪声的功率谱。进一步，利用各通道单独输出的功率与环境噪声的功率谱做差，即可获

得矢量水听器各通道的自功率谱。这种利用矢量水听器两个通道互相关计算，测量各通道等效自噪声的原理，称为两通道互谱法。两通道互谱法是利用矢量水听器两通道之间的互功率谱和各自的自功率谱，间接测量各通道等效噪声加速度的方法，其原理如图 4-47 所示。

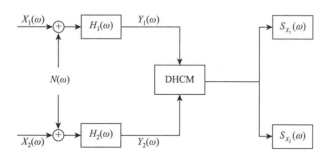

图 4-47　矢量水听器两通道互谱法等效自噪声测量原理

根据功率谱定义，结合图 4-47，上述参数之间的数学关系如下：

$$S_{Y_1}(\omega) = |H_1(\omega)|^2 [S_{X_1}(\omega) + S_N(\omega)] \tag{4-77}$$

$$S_{Y_2}(\omega) = |H_2(\omega)|^2 [S_{X_2}(\omega) + S_N(\omega)] \tag{4-78}$$

$$S_{Y_1 Y_2}(\omega) = H_1(\omega) H_2^*(\omega) S_N(\omega) \tag{4-79}$$

式中，$S_{Y_1 Y_2}(\omega)$、$S_{Y_1}(\omega)$ 和 $S_{Y_2}(\omega)$ 通过采集测量可以直接得到。

因此，将式（4-77）～式（4-79）联立可以得到矢量水听器两通道各自的自噪声功率谱密度表达式：

$$S_{X_1}(\omega) = \frac{S_{Y_1}(\omega)}{|H_1(\omega)|^2} - \frac{S_{Y_1 Y_2}(\omega)}{H_1(\omega) H_2^*(\omega)} \tag{4-80}$$

$$S_{X_2}(\omega) = \frac{S_{Y_2}(\omega)}{|H_2(\omega)|^2} - \frac{S_{Y_1 Y_2}(\omega)}{H_1(\omega) H_2^*(\omega)} \tag{4-81}$$

因此，若矢量水听器两通道的传递函数已知，利用式（4-80）、式（4-81）可以分别计算出矢量水听器两通道在剔除了背景噪声后的各自自噪声功率谱密度。

另外，在矢量水听器两通道传递函数相近的情况下，则其输出电压的功率谱密度也是相近的，这种情况下式（4-80）、式（4-81）可近似写为

$$S_{X_1}(\omega) \approx \frac{S_{Y_1}(\omega)}{|H_1(\omega)|^2} (1 - \gamma) \tag{4-82}$$

$$S_{X_2}(\omega) \approx \frac{S_{Y_2}(\omega)}{|H_2(\omega)|^2} (1 - \gamma) \tag{4-83}$$

式中，γ 为矢量水听器两通道输出信号之间的相干函数，其计算式为

$$\gamma^2 = \frac{|S_{Y_1Y_2}(\omega)|^2}{S_{Y_1}(\omega)S_{Y_2}(\omega)} \qquad (4\text{-}84)$$

在实际测量过程中，可通过上述的相关函数计算矢量水听器某一通道的等效输出噪声电压功率谱。

通过计算，矢量水听器两通道各自的等效噪声加速度功率谱为

$$a_1(\omega) = S_{X_1}(\omega) \qquad (4\text{-}85)$$

$$a_2(\omega) = S_{X_2}(\omega) \qquad (4\text{-}86)$$

式中，待测的矢量水听器两通道传递函数可认为是其加速度灵敏度，分别为 M_{a1} 和 M_{a2}，单位是 V/g［也可选择 V/(m/s^2)］。若传递函数相同，则对应的矢量水听器灵敏度也相同。

2. 矢量水听器过载加速度级测量方法

参照声压水听器过载声压级测量方法，本书中矢量水听器过载加速度级的测量是以矢量水听器接收到的信号谐波失真度的大小作为过载判决标准的。由于驻波管测试中采用连续正弦波作为激励信号，因此采用全谐波失真度（total harmonic distortion，THD）指标来衡量正弦信号波形质量，这一指标不仅物理意义明确而且其测量手段成熟。

1）全谐波失真度的定义式

全谐波失真度表征的是某一周期信号相对于同频率正弦信号的失真情况，其定义为：被测目标信号中所含全部谐波分量的全部有效值和基波有效值之比。若假设被测信号 $f(t)$ 的第 k 次谐波幅值为 A_k（基波对应 $k=1$，直流分量对应 $k=0$），则全谐波失真度 γ 可由以下公式计算得出：

$$\gamma = \frac{\sqrt{\sum_{k=2}^{\infty} A_k^2}}{A_1} \times 100\% \qquad (4\text{-}87)$$

从能量角度分析，全谐波失真度定义了全谐波的总能量与基波能量的比值。

2）全谐波失真度的测试方法

根据傅里叶变换，任意一个平方可积的信号，即实际信号，在时域上的总能量和频域上的总能量总和是相等的。因此 THD 可从频域和时域两方面加以理解和测量。

在频域上，THD 中的 A_k 与周期信号的傅里叶级数展开相对应。应用于实际测量中时，由于被测信号是离散的采集序列而非连续波形，此时可通过离散傅里叶变换（discrete Fourier transform，DFT）或者快速傅里叶变换（fast Fourier transform，FFT）求解 A_k。

在时域上，对于周期信号 $f(t)$，若记基波频率分量的时域波形为 $f_1(t)$，则在信号周期 T 内，全部谐波分量为

$$\int_0^T [f(t) - f_1(t)]^2 \, \mathrm{d}t = \sum_{k=2}^{\infty} A_k^2 \tag{4-88}$$

即 THD 计算中的全体谐波有效值可由时域波形剔除基波后直接平方积分得到，对于基波 $f_1(t)$ 而言，也可以通过对时域信号波形进行最小二乘拟合而求得。由时域信号计算 THD 的方法，即被称为曲线拟合法。

综上所述，THD 概念实质是计算基波和去除基波后的剩余分量（包括谐波和直流分量）。在水声测量中，当采用快速傅里叶变换方法，即全谐波失真度频域计算方法时，由于水声中常用 1/3 倍频程作为测试频点，而采集器的采样频率往往是固定的，这样会导致采集器采到的信号长度往往不是被测信号的整数倍，从而避免不了快速傅里叶变换方法带来的"栅栏效应"和频谱泄漏现象。同时，全谐波失真度时域计算方法存在计算量大、计算时间长等缺点。因此，结合 THD 概念实质，通常对于全谐波失真度的计算采用时域-频域联合测量方法。

3）全谐波失真度的时域-频域联合测量方法

将被测信号基波频率记为 f_1，采样频率记为 f_s，不考虑基波频率与采样频率是否保持整数倍的关系，均可进行 DFT 而得到其基波分量。实际测量时是在有限的时间长度 τ 内对被测波形进行处理分析，相当于通过宽度 τ 的窗函数截取部分波形数据，这与 DFT 的处理方式相似。为了避免频谱泄漏带来的影响，在数据处理时，不应该将 N 个采样点全部用于分析，而应取 τ 为基波频率信号周期的整数倍。对于 N 点采样序列所含基波的完整周期数 n 为

$$n = \left[\frac{N f_1}{f_s} \right] \tag{4-89}$$

式中，方括号表示取整。因此处理数据时应取的时间长度 τ 为

$$\tau = \left[\frac{N f_1}{f_s} \right] \times \frac{1}{f_1} \tag{4-90}$$

根据傅里叶变换，分别计算基波的正弦分量和余弦分量，并记这两者的振幅分别为 A_{1s} 与 A_{1c}，对于被测信号 $x(t)$，则有

$$A_{1s} = \frac{2}{\tau} \int_0^{\tau} x(t) \sin(2\pi f_1 t) \, \mathrm{d}t \tag{4-91}$$

$$A_{1c} = \frac{2}{\tau} \int_0^{\tau} x(t) \cos(2\pi f_1 t) \, \mathrm{d}t \tag{4-92}$$

并且直流分量为

$$A_0 = \frac{1}{\tau} \int_0^{\tau} x(t) \, \mathrm{d}t \tag{4-93}$$

将式（4-91）、式（4-92）由积分形式转换为离散求和以便计算，在此之前求解区间 τ 中所包含的采样周期数 P_F，并取其整数部分 P_1：

$$P_F = \left[\frac{Nf_1}{f_s} \right] \times \frac{f_s}{f_1} \tag{4-94}$$

$$P_1 = [P_F] = \left[\left[\frac{Nf_1}{f_s} \right] \times \frac{f_s}{f_1} \right] \tag{4-95}$$

对于被测信号的 N 点采样序列记为 $\{x_i\}$，则正弦分量、余弦分量以及直流分量分别为

$$A_{1s} = \frac{2}{P_F} \sum_{i=1}^{P_1} x_i \sin\left(\frac{2\pi f_1}{f_s} i \right) + \frac{2(P_F - P_1)}{P_F} \times x_{P_1+1} \times \sin\left[\frac{2\pi f_1}{f_s} (P_1 + 1) \right] \tag{4-96}$$

$$A_{1c} = \frac{2}{P_F} \sum_{i=1}^{P_1} x_i \cos\left(\frac{2\pi f_1}{f_s} i \right) + \frac{2(P_F - P_1)}{P_F} \times x_{P_1+1} \times \cos\left[\frac{2\pi f_1}{f_s} (P_1 + 1) \right] \tag{4-97}$$

$$A_0 = \frac{1}{P_F} \sum_{i=1}^{P_1} x_i \sin\left(\frac{2\pi f_1}{f_s} i \right) + \frac{2(P_F - P_1)}{P_F} \times x_{P_1+1} \tag{4-98}$$

随着 f_1 的取值改变（若取为谐波频率则可求其谐波分量的成分，这可用于后面的声场参考波形的构造），可从被测波形中分离出基波的正弦分量、余弦分量与直流分量。通过被测波形求得基波的正弦分量、余弦分量与直流分量后，结合 THD 的概念实质，从被测信号中剔除基波，得到谐波信号，记为 $\{y_i\}$：

$$y_i = x_i - A_{1s} \sin\left(\frac{2\pi f_1}{f_s} i \right) - A_{1c} \cos\left(\frac{2\pi f_1}{f_s} i \right) - A_0 \tag{4-99}$$

可得全谐波失真度为

$$\gamma = \sqrt{ \frac{ \frac{1}{P_F} \left(\sum_{i=1}^{P_1} y_i^2 + \frac{P_F - P_1}{P_F} \times y_{P_1+1}^2 \right) }{ \frac{1}{2}(A_{1s}^2 + A_{1c}^2) } } \times 100\% \tag{4-100}$$

这种 THD 测量算法，不需要进行完整的 FFT，也不需要采样曲线拟合的方式搜索基波成分，减少了计算流程，便于编程实现，在应用于水声测量时，可选取发射信号频率作为基波频率。

3. 提高全谐波失真度测量准确度的方法

在过载测量时，需要大信号激励声源，从而容易引起声管管壁、声源和封闭金属盖等结构产生共振，导致驻波管内声场相应的谐波成分增大，从而影响对待测量水听器过载加速度级的测量精度。

针对上述问题，除了对声管管壁、声源和封闭金属盖等结构振动产生的特征

频率进行仿真分析以指导改进声管结构的设计和测试频率的选择外，还可同时采用信号处理手段，对测试数据进行相关函数计算，将此谐波成分从矢量水听器的输出信号中分离出来，以提高矢量水听器过载加速度级的测量精度。

1）相关函数的计算方法

由于实际信号的能量总是有限的，因而其平方可积。对于周期为 T 的平方可积的两个实信号 $f(t)$ 与 $g(t)$，定义两者的内积为

$$\langle f, g \rangle = \frac{1}{T} \int_0^T f(t)g(t)\mathrm{d}t \tag{4-101}$$

则对于所有周期为 T 的实测信号，在其闭区间[0, T]内构成一个完备的实内积空间，即实 Hilbert 空间。任一周期信号 $f(t)$ 均可表示为实 Hilbert 空间中的一个向量。由式（4-101）诱导的 $f(t)$ 的范数为

$$\| f \| = \sqrt{\langle f, f \rangle} \tag{4-102}$$

若将 $f(t)$ 假定为矢量水听器的输出信号，$g(t)$ 为参考信号，这里参考信号有两个，分别为驻波管管底声源辐射面上的加速度计输出信号和驻波管声场中标准声压水听器的输出信号，则两个信号之间的相关函数为

$$R(\tau) = \int_0^T f(t)g(t - \tau)\mathrm{d}t \tag{4-103}$$

式中，$0 \leqslant \tau \leqslant T$。

结合式（4-91），可以看出相关函数实则也是一个内积，若 $g(t - \tau)$ 表示为 g_τ，则相关函数可以写为

$$R(\tau) = \langle f, g_\tau \rangle \tag{4-104}$$

当 $R(\tau)$ 取最大值，此时 $\tau = \tau_0$，将被测信号 $f(t)$ 向参考信号 $g(t)$ 进行投影，通过实内积空间性质可知，该投影大小为

$$f_{\text{proj}} = \frac{\langle f, g_{\tau 0} \rangle}{\langle g_{\tau 0}, g_{\tau 0} \rangle} g_{\tau 0} \tag{4-105}$$

从 $f(t)$ 中减去投影分量 $f_{\text{proj}}(t)$，则得到被测信号 $f(t)$ 中与投影分量正交的分量为

$$f_{\text{orth}} = f - f_{\text{proj}} = f - \frac{\langle f, g_{\tau 0} \rangle}{\langle g_{\tau 0}, g_{\tau 0} \rangle} g_{\tau 0} \tag{4-106}$$

在实际测量时，某一频率下 $R(\tau)$ 最大代表的是此时矢量水听器输出信号与参考信号具有最大相关性，说明此时矢量水听器输出信号中的谐波成分来源于参考信号，可能是声源辐射面产生的谐波或者某些因素引起的声场中存在的谐波。

在计算全谐波失真度时，相关公式中的基波成分应由 $f(t)$ 通过式（4-91）～式（4-93）分离得到，而其谐波分量应由式（4-99）得到，这样，即可获得剔除谐波干扰后的高精度矢量水听器过载加速度级测量结果。

2）基于相关函数计算的全谐波失真度测量方法

结合全谐波失真度时域-频域计算方法以及相关函数法，给出矢量水听器过载加速度级测量过程中信号失真度的测量方法。

在实际测量实验中，$f(t)$ 为矢量水听器的实际输出信号，$g(t)$ 为驻波管管底声源辐射面上的加速度计输出信号或驻波管声场中标准声压水听器的输出信号，在做相关函数计算之前需要对 $g(t)$ 信号进行预处理，包括：将驻波管管底声源辐射面上的加速度计输出信号 a_L 转换到矢量水听器所在深度 h 处的加速度 a_h，或将驻波管声场中某一深度 h_0 处标准声压水听器的输出信号 p_{h_0} 转换到矢量水听器所在深度 h 处的加速度 a_h，以下用 $G(t)$ 表示 $g(t)$ 信号预处理后的输出信号。这里，为了显示方便，将 $f(t)$ 和 $G(t)$ 的幅值分别进行归一化处理。图 4-48 给出了基于相关函数计算的全谐波失真度测量流程图。

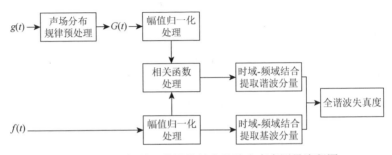

图 4-48　基于相关函数计算的全谐波失真度测量流程图

4.3　矢量水听器阵特性参数测量方法

4.3.1　矢量水听器阵分类

水声传感器和声呐基阵作为水声信息获取的最前端，是进行水下声探测、定位、跟踪与导航的重要前提。按照基元间距与工作频率的关系，可以将矢量水听器阵分为传统半波长基阵、稀疏阵和小尺寸基阵。

传统半波长基阵的阵元间距通常为目标信号波长的一半，因此在低频工作段声探测基阵的尺寸将迅速增大，动辄数百米长，使用灵活性大幅降低，制作和维护成本也显著增加。稀疏阵通常是在传统半波长基阵基础上，稀疏部分阵元，从而在达到一定性能的同时简化设计过程，其基元间距通常不小于半波长。相比传统半波长基阵和稀疏阵，小尺寸基阵以空间偏导为基础，基元间距远小于波长，能在单个空间点处获取更多声场信息。小尺寸基阵可看作高阶传感器，同时由于本类型基阵的指向性因子高于相同基元个数时的传统基阵，有些文献也将其称为超指向性基阵。

一方面，开展具有高阵列增益、高角度分辨力特点的小尺寸基阵研究是实现水下低频声探测的必要途径。另一方面，传统半波长基阵和稀疏阵的校准通常只依赖于单基元的一致性与安装位置因素，而小尺寸基阵还应包含基元互散射校正、平台结构散射校正等其他因素，因而本节专注于对小尺寸水听器阵特性参数的测量研究。

依据组成基阵的基本接收单元的特征，可以将小尺寸水听器阵分为：以声压传感器为基元的小尺寸基阵和以矢量传感器为基元的小尺寸基阵。

1. 以声压传感器为基元的小尺寸基阵

国外对小尺寸基阵的认识较早，且最开始在雷达天线及空气声学领域兴起。其设计思路之一是用空间差分获得声压梯度。Olson[16]提出了不同阶梯度麦克风的概念，并分析了其频率响应特性与指向性特点。Beaverson 等[17]采用测量二阶声压梯度的办法获得了麦克风传感器的四极子指向性。Parsons[18]证明了高阶传感器的指向性因子公式，指出对于 N 个无指向性传感器在三维空间内的任何布阵形式而言，能获得的指向性因子最大值为 N^2，并且此时阵列形式应为间隔无限小的直线阵。Benesty 等[19]在差分麦克风阵的设计方面做了大量研究工作，并且出版了书籍 *Study and Design of Differential Microphone Arrays*。

小尺寸基阵的另一个设计思路是进行波场分解，通过对接收声场的离散测量来获得声场的高阶量。Abhayapala 等[20]提出了利用球形阵进行声场的高阶信息重建，介绍了一种三阶麦克风系统。Rafaely[21]利用球傅里叶变换手段，给出了平面波的球坐标系分解理论，讨论了算法的空间分辨力、计算复杂度等问题。Liu[22]提供了一种计算球阵中各阶球面谐和波模态系数的解析方法，并给出了球阵中指向性因子 N^2 理论的证明。Elko[23]则在小尺寸基阵的语音与多媒体通信应用中做出了巨大贡献。

相较于其他领域，小尺寸基阵在水声领域的发展相对滞后。美国海洋物理实验室的 D'Spain 等[24]于 20 世纪 90 年代开始对水声领域的小尺寸基阵理论进行研究，将矢量传感器的概念扩展到了张量传感器。Franklin[25]发表了关于小尺寸基阵在水声领域应用的可行性研究报告，指出小尺寸基阵的低频工作下限由基阵误差及自噪声引起的性能下降程度所决定。Silvia 等[26]也利用泰勒级数定义了高阶指向性水听器，指出泰勒级数展开式中第一项为声压项，第二项为声压梯度，前两项归为一阶指向性水听器；第三项为二阶声压梯度，前三项归为二阶指向性水听器。Silvia 等[27]成功制作了一种具有二阶指向性的水听器，其波束宽度为 65°，是水声工程领域公开发表的最早的成功案例。Cray 等[28]通过对各阶不同形式的指向函数加权求和，得到了不同组合下的指向性因子。

国内对小尺寸基阵的研究主要是哈尔滨工程大学与西北工业大学等单位。针对理想圆环阵，Ma 等[29]提出了一种特征波束分解与综合算法。Yang[30]则提出利用多极子理论，研究高阶多极子布阵形式。

2. 以矢量传感器为基元的小尺寸基阵

20 世纪 40 年代，具有实际应用价值的质点振速水听器被研制成功。之后，随着材料的发展与军事需求的日益迫切，其研究在 90 年代逐渐进入高潮。1995 年，在美国军方资助下，美国声学学会召开了关于矢量水听器的专题研讨会，介绍了关于矢量传感器设备及其应用的大量成果[31]。由于能在单空间点同时测量声场的声压和振速信息，提供阵列增益，单一的矢量传感器可以说是最为简单的小尺寸阵列。同时，它的指向性及处理增益与频率无关，具有超宽的频带特性。以矢量传感器为基元来设计声呐基阵，成为学者研究的重点内容。

Yang 等[32]研制了一种八元矢量圆环阵，在模态域对声压、切向振速和径向振速进行表示，并对其波束形成算法进行了试验验证。Nehorai 等[33]提出了可以将声矢量传感器纳入经典的水声信号处理框架，之后几乎所有的矢量传感器阵都是基于传统半波长布阵形式设计的，利用矢量传感器代替声压传感器，将声矢量水听器的振速分量作为独立的阵元信息来处理。由此获得的基阵波束输出仍然受限于阵列孔径，其性能与工作频率有关，未能充分发挥矢量传感器指向性与频率无关特性的优势。

随着小尺寸基阵的兴起，利用矢量传感器的天然指向性与超宽频带优势，设计小尺寸矢量阵以期获得与频率无关的高阶波束输出，可以弥补小尺寸声压阵中的诸多不足，还能提升基阵性能。Clark[34]计算了矢量传感器的高阶角度响应，是高阶小尺寸阵领域较早的尝试。Zou 等[35]提出了一种利用矢量传感器设计的小型圆环阵列。Gur[36]提出了一种小尺寸矢量线阵波束形成方法，与传统基阵相比可节约 70%～85%的阵列孔径。

国内对矢量传感器小尺寸阵的研究几乎与国际同步。孙心毅[37]制作了一种基于矢量传感器的高指向性二阶水听器，实测了其四极子指向性。王绪虎等[38]申请了一项利用十字型振速梯度水听器进行方位估计的专利，完善了各向同性噪声场中高阶传感器输出相关性的理论。文献[39]和[40]在多极子布阵理论基础上，又开了关于九元小尺寸矢量阵的设计成果。

4.3.2　表征小尺寸矢量阵特性的参数

类比于矢量水听器的灵敏度、指向性等参数，表征小尺寸矢量阵声学性能参数主要有空间指向性图、指向性指数、阵列增益以及白噪声增益等。其中阵列增益与指向性指数表征性能相近，指向性指数通常为各向同性噪声情形下的理想阵列增益。本节将二者合并考虑为阵列增益。

　　小尺寸矢量阵各项参数指标，不但依赖于单基元的灵敏度、相位、指向性，还依赖于基元间各参数的一致性，同时也与基元安装位置误差、基元间互散射以及平台结构散射等系统因素有关。本节着重介绍单传感器的初始相位以及基阵的空间指向性图、阵列增益、白噪声增益。

　　1. 传感器初始相位

　　矢量传感器的相位特性是接收器通道中的信号相位与平面行波场中声压场相位的差值，可以用传感器的初始相位来表征。在传感器的线性工作区，当频率为 f 的声波入射时，传感器的响应为

$$x(t) = A\cos(2\pi ft + \varphi) \tag{4-107}$$

式中，φ 为传感器响应的初始相位值。它与传感器制作工艺有关，不同传感器之间初始相位不同。水声换能器通常总是表现为感性元件或容性元件，因此其相位随信号频率的变化而变化，同一传感器对不同频率声波响应的初始相位也不相同。

　　对于矢量传感器，相位还与振动方向有关。当平面行波从方向性图的一个瓣过渡到另一个瓣时，相位跳跃 180°，这为理想相位差，是矢量传感器特有属性。

　　2. 空间指向性图

　　可将小尺寸矢量阵看作一个高阶传感器，其波束输出即为空间指向性图。它是描述自由场远场传来的平面波入射到接收水听器阵列上时，阵列的平均输出声玉随入射方向变化的曲线图，或者说，它是阵列在远场平面波作用下，所产生的开路电压随入射方向变化的曲线图。它是一个相对的、无量纲的参量。

　　小尺寸矢量阵的空间指向性图可由多极子理论获得。以图 4-49 所示九元矢

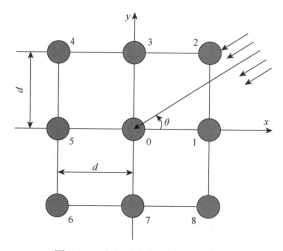

图 4-49　小尺寸矢量阵几何示意图

量面阵为例进行算法说明，图中相邻基元间距相等，都为 d；第 0#基元作为参考
基元，位于坐标系原点。

假设远场简谐平面波从 θ 方向入射至该基阵，参考基元的声压响应为 p_0，振
速与声压通道响应的幅度比为 V，则位于空间坐标 (g,h) 处的第 $m\#(m=0,1,\cdots,8)$
基元接收的声压和水平质点振速可表示为

$$p_m(g,h) = p_0 \exp[\mathrm{i}k(g\cos\theta + h\sin\theta)] \qquad (4\text{-}108a)$$

$$v_{mx}(g,h) = p_0 V \cos\theta \exp[\mathrm{i}k(g\cos\theta + h\sin\theta)] \qquad (4\text{-}108b)$$

$$v_{my}(g,h) = p_0 V \sin\theta \exp[\mathrm{i}k(g\cos\theta + h\sin\theta)] \qquad (4\text{-}108c)$$

3#与 7#基元接收声压信号幅度相同，其 y 坐标方向相位相反，二者可以构成
一个偶极子；第 1#与 5#声压传感器同理：

$$M_{1p\_s} = \frac{1}{F_1(k)}[p_3(0,d) - p_7(0,-d)] = p_0 \sin\theta \qquad (4\text{-}109a)$$

$$M_{1p\_c} = \frac{1}{F_1(k)}[p_1(d,0) - p_5(-d,0)] = p_0 \cos\theta \qquad (4\text{-}109b)$$

式中，$F_1(k) = 2\mathrm{i}kd$ 为在 $kd \ll 1$ 条件下所引入的幅度补偿因子，由此可获得与频率
无关的偶极子传感器的空间指向性。

1）基于声压通道的多极子布阵理论

两个幅度相同、相位相反的偶极子可以组成一个四极子，组合方式如图 4-50（c）
（e）、（g）所示。

$$M_{2p\_ss} = \frac{1}{F_2(k)}[p_3(0,d) - 2p_0(0,0) + p_7(0,-d)] = p_0 \sin^2\theta \qquad (4\text{-}110a)$$

$$M_{2p\_cc} = \frac{1}{F_2(k)}[p_1(d,0) - 2p_0(0,0) + p_5(-d,0)] = p_0 \cos^2\theta \qquad (4\text{-}110b)$$

$$M_{2p\_cs} = \frac{1}{F_2(k)}\{[p_2(d,d) - p_8(d,-d)] - [p_4(-d,d) - p_6(-d,-d)]\}$$
$$= p_0 \sin\theta\cos\theta \qquad (4\text{-}110c)$$

式中，$F_2(k) = (2\mathrm{i}kd)^2$。以此类推，置于 xy 平面内的二维声矢量阵（图 4-49）的
声压通道可以按图 4-50 方式形成多个不同形式的极子传感器。将偶极子视为一阶
极子，四极子视为二阶极子，则每做一次差分运算便可形成更高一阶极子，组成
的 n 阶极子传感器需补偿常数项 $F_{np}(k)$ 正比于 $(\mathrm{i}kd)^n$。

2）基于矢量通道的多极子布阵理论

质点振速 x 通道与 y 通道的指向性可写为

$$D_{1x}(\theta) = \cos\theta, \quad D_{1y}(\theta) = \sin\theta \qquad (4\text{-}111$$

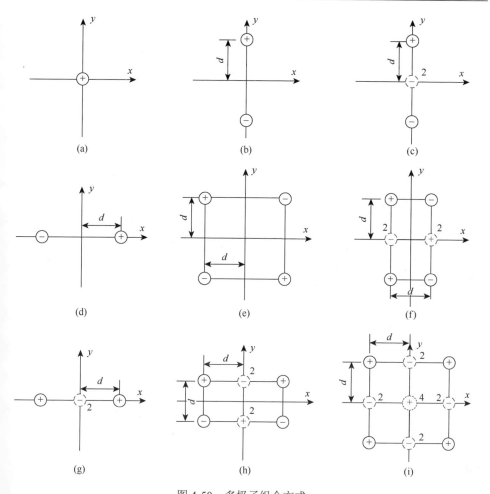

图 4-50 多极子组合方式

+、−号表示两传感器加权值的正负；虚线表示双倍加权；点线表示 4 倍加权

上述指向性 $D_{1x}(\theta)$ 与 $D_{1y}(\theta)$ 为偶极子形式，也可由声压场的一阶差分近似得到，即分别等效于 $\partial p / \partial x$ 与 $\partial p / \partial y$。考虑声压场与水平振速场的表达式，以方程（4-110c）为例，它可化为

$$M_{2p\_cs} = p_0 D_{2p}(\theta) / F_2(k) = p_0 D_{1x}(\theta) D_{1y}(\theta) / F_2(k)$$

$$= (2d)^2 \frac{\partial^2 p}{\partial x \partial y} = \frac{(2d)^2}{V} \frac{\partial v_x}{\partial y} = \frac{(2d)^2}{V} \frac{\partial v_y}{\partial x} \qquad (4\text{-}112)$$

由该方程可以看出，振速矢量本身具有偶极子指向性，故振速通道的差分计算将降低差分的阶数，从而理论上减小高阶差分运算的误差；或者以相同个数的测量基元进行差分计算时可直接构建更高阶多极子形式，即

$$M_{3x} = (v_{2x} - v_{8x}) - (v_{4x} - v_{6x}) = p_0 V D_x(\theta) D_{2p}(\theta) / F_2(k) \qquad (4\text{-}113a)$$

$$M_{3y} = (v_{2y} - v_{8y}) - (v_{4y} - v_{6y}) = p_0 V D_y(\theta) D_{2p}(\theta) / F_2(k) \qquad (4\text{-}113b)$$

为便于后面高阶多极子的表述，将通过各种组合方式形成多极子的过程表示为 f 函数的形式：

$$M_{np} = f(p_i, \cdots, p_j) = [a_0, a_1, \cdots, a_8][p_0, p_1, \cdots, p_8]^{\mathrm{T}} = \boldsymbol{a}^{\mathrm{H}} \boldsymbol{p} \qquad (4\text{-}114)$$

式中，$\boldsymbol{a} = [a_0, a_1, \cdots, a_8]^{\mathrm{H}}$，$\boldsymbol{a}$ 为组成本类型多极子所需各声压通道的加权系数组成的矢量；$\boldsymbol{p} = [p_0, p_1, \cdots, p_8]^{\mathrm{H}} = \boldsymbol{v} p_0$，$\boldsymbol{v}$ 为声压传感器组成基阵的导向矢量。另外，考虑到声压与振速分量表述形式的相似性，有

$$M_{n+1x} = f(v_{ix}, \cdots, v_{jx}) = V D_{1x}(\theta) f(p_i, \cdots, p_j) = \boldsymbol{a}^{\mathrm{H}} \boldsymbol{x} \qquad (4\text{-}115a)$$

$$M_{n+1y} = f(v_{iy}, \cdots, v_{jy}) = V D_{1y}(\theta) f(p_i, \cdots, p_j) = \boldsymbol{a}^{\mathrm{H}} \boldsymbol{y} \qquad (4\text{-}115b)$$

式中，$\boldsymbol{x} = [v_{0x}, v_{1x}, \cdots, v_{8x}]^{\mathrm{H}} = \cos\theta \cdot \boldsymbol{v} p_0$；$\boldsymbol{y} = [v_{0y}, v_{1y}, \cdots, v_{8y}]^{\mathrm{H}} = \sin\theta \cdot \boldsymbol{v} p_0$。综合声压通道和质点振速通道的多极子组合方式，所能形成的多极子传感器指向性如下：

$$\boldsymbol{D}(\theta) = \mathrm{vec}\left\{ \begin{bmatrix} 1 \\ \cos\theta \\ \sin\theta \end{bmatrix} \otimes \begin{bmatrix} 1 & \sin\theta & \sin^2\theta \\ \cos\theta & \sin\theta\cos\theta & \sin^2\theta\cos\theta \\ \cos^2\theta & \sin\theta\cos^2\theta & \sin^2\theta\cos^2\theta \end{bmatrix} \right\} \qquad (4\text{-}116)$$

式中，$\otimes$ 表示克罗内克积；$\mathrm{vec}\{\}$ 则表示将 $\{\}$ 中元素按矢量形式排列。矢量 $\boldsymbol{D}(\theta)$ 的第 κ 个元素可以表示为 $[\boldsymbol{D}(\theta)]_\kappa = \boldsymbol{e}_\kappa^{\mathrm{H}} \boldsymbol{V}$，其中定义 $\boldsymbol{V} = [1, \cos\theta, \sin\theta]^{\mathrm{T}} \otimes \boldsymbol{v}$，而 $\boldsymbol{e}_\kappa$ 为对应于阵列流形 $\boldsymbol{V}$ 的、组成第 κ 个形式的多极子所需的组合方式，如对于式（4-113a）中的多极子组成方式：

$$\boldsymbol{e}_\kappa = [0,0,0,0,0,0,0,1,0,0,0,0,0,-1,0,0,0,0,0,1,0,0,0,0,0,-1,0]^{\mathrm{T}}$$

从上述推导过程可以看出，经过补充一定的相位因子，即可获得与频率无关的各阶多极子指向性，可方便地向低频工作段延伸。为将所获得的多极子模型推广至任意阵列形式，根据声压差分与振速之间的关系，可以将矢量传感器作为基元的各多极子模型归类为

$$\frac{\partial^{m+n} v_x}{\partial x^m \partial y^n} (2d)^{m+n} = \frac{p_0 V}{F_{m+n}(k)} D_x(\theta) \cos^m\theta \sin^n\theta \qquad (4\text{-}117a)$$

$$\frac{\partial^{m+n} v_y}{\partial x^m \partial y^n} (2d)^{m+n} = \frac{p_0 V}{F_{m+n}(k)} D_y(\theta) \cos^m\theta \sin^n\theta \qquad (4\text{-}117b)$$

式中，常数 V 的定义与前面相同，而 $F_{m+n}(k) \sim 1/(\mathrm{i}kd)^{m+n}$。即由声压或矢量通道所组成的多极子与式（4-116）中各元素之间将存在一一对应关系。

　　3）多极子波束形成算法

　　为建立适应于小尺寸矢量阵的波束形成算法，现考虑二维平面内的任意波束 $B(k, \theta)$，在 $[k_1, k_2] \times [-\pi, \pi]$ 内的正交完备基函数 $\{\varphi_l(k, \theta)\}$ 下，它可展开成

$$B(k,\theta) = \sum_{l=0}^{\infty} c_l \varphi_l(k,\theta) \tag{4-118}$$

式中，基函数 c_l 表示 $\varphi_l(k,\theta)$ 对应的展开系数，其值为

$$c_l = \langle \varphi_l, B \rangle = \int_{k_1}^{k_2} \int_{-\pi}^{\pi} \varphi_l(k,\theta) B(k,\theta) \mathrm{d}\theta \mathrm{d}k \tag{4-119}$$

针对低频工作频段及多极子指向性与频率无关特性，合理假定所需波束与频率无关，即 $B(k,\theta) = B(\theta)$，且取 $\varphi_l(k,\theta)$ 在 $k_1 < k < k_2$ 范围内满足 $\varphi_l(k,\theta) = QA_l(\theta)$，$Q$ 为常数，令其值为 1，则式（4-118）可表示为

$$B(\theta) = \sum_{l=0}^{\infty} c_l A_l(\theta) \tag{4-120}$$

采用以下正交基函数作为所需波束 $B(\theta)$ 的展开函数，即

$$A_0(\theta) = 1，\quad A_{2l-1}(\theta) = \sin(l\theta)，\quad A_{2l}(\theta) = \cos(l\theta)$$

正交基函数的重复周期为 2π。根据式（4-117），多极子传感器具有三角函数形式，即可通过多极子模型来构建 $B(\theta)$ 的正交基函数 $A_0(\theta)$、$A_{2l-1}(\theta)$ 和 $A_{2l}(\theta)$；将参考基元的声压通道视为 0 阶多极子，并将式（4-116）中各多极子进行加权波束形成，可得

$$\sum_{\substack{m=0 \\ n=0}}^{(L-1)/2} \left[\frac{(2d)^{m+n}}{p_0} \frac{\partial^{m+n} v_p}{\partial x^m \partial y^n} \right] w_{p,mn} + \sum_{\substack{m=0 \\ n=0}}^{(L-1)/2} \left[\frac{(2d)^{m+n}}{p_0} \frac{\partial^{m+n} v_x}{\partial x^m \partial y^n} \right] w_{x,mn} + \sum_{\substack{m=0 \\ n=0}}^{(L-1)/2} \left[\frac{(2d)^{m+n}}{p_0} \frac{\partial^{m+n} v_y}{\partial x^m \partial y^n} \right] w_{y,mn}$$

$$= c_0 + \sum_{l=1}^{L} c_{2l-1}(\theta) \sin(l\theta) + c_{2l}(\theta) \cos(l\theta) \tag{4-121}$$

式中，$w_{p,mn}$ 为对应 $\dfrac{\partial^{m+n} v_p}{\partial x^m \partial y^n}$ 项的加权系数；$w_{x,mn}$ 为对应 $\dfrac{\partial^{m+n} v_x}{\partial x^m \partial y^n}$ 项的加权系数；$w_{y,mn}$ 为对应 $\dfrac{\partial^{m+n} v_y}{\partial x^m \partial y^n}$ 项的加权系数；L 为 $B(\theta)$ 级数截取下最高展开阶数。对于如图 4-50 所示的九元矢量阵，L 值理论上最高可取至 5。

为与正交基函数 $A_0(\theta)$、$A_{2l-1}(\theta)$ 和 $A_{2l}(\theta)$ 对应，将式（4-121）中声压与振速通道的偏导项三角函数写成求和形式，即

$$\frac{(2d)^{m+n}}{p_0} \frac{\partial^{m+n} p}{\partial x^m \partial y^n} = \boldsymbol{a}_p^c(m,n)^{\mathrm{T}} \boldsymbol{B}^c + \boldsymbol{a}_p^s(m,n)^{\mathrm{T}} \boldsymbol{B}^s \tag{4-122a}$$

$$\frac{(2d)^{m+n}}{p_0} \frac{\partial^{m+n} v_x}{\partial x^m \partial y^n} = \boldsymbol{a}_x^c(m,n)^{\mathrm{T}} \boldsymbol{B}^c + \boldsymbol{a}_x^s(m,n)^{\mathrm{T}} \boldsymbol{B}^s \tag{4-122b}$$

$$\frac{(2d)^{m+n}}{p_0} \frac{\partial^{m+n} v_y}{\partial x^m \partial y^n} = \boldsymbol{a}_y^c(m,n)^{\mathrm{T}} \boldsymbol{B}^c + \boldsymbol{a}_y^s(m,n)^{\mathrm{T}} \boldsymbol{B}^s \tag{4-122c}$$

式中，上标 T 表示矩阵转置；矩阵 $\boldsymbol{B}^c$ 为以 $\cos(l\theta)(l=0,1,\cdots,L)$ 为元素的 $(L+1) \times 1$ 列

向量；矩阵 $\boldsymbol{B}^s$ 为以 $\sin(l\theta)(l=1,2,\cdots,L)$ 为元素的 $L\times1$ 列向量；$\boldsymbol{a}_p^c$、$\boldsymbol{a}_p^s$、$\boldsymbol{a}_x^c$、$\boldsymbol{a}_x^s$、$\boldsymbol{a}_y^c$ 和 $\boldsymbol{a}_y^s$ 分别为相应级数展开系数所构成的列向量，具体为

$$\boldsymbol{a}_p^c=[a_p^c(0,m,n),\cdots,a_p^c(l,m,n),\cdots,a_p^c(L,m,n)]^{\mathrm{T}}$$

$$\boldsymbol{a}_p^s=[a_p^s(0,m,n),\cdots,a_p^s(l,m,n),\cdots,a_p^s(L,m,n)]^{\mathrm{T}}$$

$$\boldsymbol{a}_x^c=[a_x^c(0,m,n),\cdots,a_x^c(l,m,n),\cdots,a_x^c(L,m,n)]^{\mathrm{T}}$$

$$\boldsymbol{a}_x^s=[a_x^s(0,m,n),\cdots,a_x^s(l,m,n),\cdots,a_x^s(L,m,n)]^{\mathrm{T}}$$

$$\boldsymbol{a}_y^c=[a_y^c(0,m,n),\cdots,a_y^c(l,m,n),\cdots,a_y^c(L,m,n)]^{\mathrm{T}}$$

$$\boldsymbol{a}_y^s=[a_y^s(0,m,n),\cdots,a_y^s(l,m,n),\cdots,a_y^s(L,m,n)]^{\mathrm{T}}$$

其元素 $a_x^c(l,m,n)$ 表示 x 通道接收信号在 x 方向 m 次偏导和 y 方向 n 次偏导后对 $\cos(l\theta)$ 的贡献量；$a_x^s(l,m,n)$ 表示 x 通道接收信号在 x 方向 m 次偏导和 y 方向 n 次偏导后对 $\sin(l\theta)$ 的贡献量，其他同理。根据二项式原理，可分别获得 $\cos(l\theta)$、$\sin(l\theta)$ 项与 $\partial^{m+n}p/\partial x^m\partial y^n$、$\partial^{m+n}v_x/\partial x^m\partial y^n$ 及 $\partial^{m+n}v_y/\partial x^m\partial y^n$ 之间的关系。另外，对于 x 与 n 不同的奇偶组合情况，式（4-115）中等式左边以偏导表示的多极子项皆能用单一的 $\cos(l\theta)$ 或 $\sin(l\theta)$ 形式进行表述。因此，以 $\cos(l\theta)$ 和 $\sin(l\theta)$ 项进行划分，则式（4-121）可转换成如下矩阵形式：

$$\begin{bmatrix}A_p^c&A_x^c&A_y^c\\A_p^s&A_x^s&A_y^s\end{bmatrix}\begin{bmatrix}\boldsymbol{w}_p\\\boldsymbol{w}_x\\\boldsymbol{w}_y\end{bmatrix}=\begin{bmatrix}\boldsymbol{C}^c&\boldsymbol{0}_{(L+1)\times(L+1)}\\\boldsymbol{0}_{L\times L}&\boldsymbol{C}^s\end{bmatrix}\begin{bmatrix}\boldsymbol{B}^c\\\boldsymbol{B}^s\end{bmatrix} \tag{4-123}$$

式中，矩阵 $\boldsymbol{B}^c$ 和 $\boldsymbol{B}^s$ 如前面定义；矩阵 $\boldsymbol{C}^c$ 和 $\boldsymbol{C}^s$ 分别为 $B(\theta)$ 级数展开系数所组成的对角矩阵，其对角线上元素由所设计波束确定；$\boldsymbol{0}_{p\times q}$ 表示 $p\times q$ 的零矩阵；系数矩阵 $A_p^c=[\boldsymbol{a}_p^c(m,n)]$，$A_x^c=[\boldsymbol{a}_x^c(m,n)]$，$A_y^c=[\boldsymbol{a}_y^c(m,n)]$，$A_p^s=[\boldsymbol{a}_p^s(m,n)]$，$A_x^s=[\boldsymbol{a}_x^s(m,n)]$，$A_y^s=[\boldsymbol{a}_y^s(m,n)]$，即各矩阵的列向量分别为 $\boldsymbol{a}_p^c$、$\boldsymbol{a}_x^c$、$\boldsymbol{a}_y^c$、$\boldsymbol{a}_p^s$、$\boldsymbol{a}_x^s$ 和 $\boldsymbol{a}_y^s$；$\boldsymbol{w}_p$、$\boldsymbol{w}_x$ 和 $\boldsymbol{w}_y$ 则分别表示声压加权列向量、x 方向振速加权列向量与 y 方向振速加权列向量，具体形式为

$$\boldsymbol{w}_p=[w_{p,00},\cdots,w_{p,mn},\cdots,w_{p,(L-1)0}]_{1\times[(L+1)^2/4]}^{\mathrm{T}}$$

$$\boldsymbol{w}_x=[w_{x,00},\cdots,w_{x,mn},\cdots,w_{x,(L-1)0}]_{1\times[(L+1)^2/4]}^{\mathrm{T}}$$

$$\boldsymbol{w}_y=[w_{y,00},\cdots,w_{y,mn},\cdots,w_{y,(L-1)0}]_{1\times[(L+1)^2/4]}^{\mathrm{T}}$$

虽然矩阵方程（4-123）形式上并非为方阵，即待求未知量个数要大于线性方程个数，但根据三角函数关系 $\cos^2\theta=1-\sin^2\theta$ 以及振速矢量偏导数之间的以下等价关系，可进行化简：

$$\frac{p_0V}{(2d)^{m+n-1}F_{m+n-1}(k)}\cos^m\theta\sin^n\theta=\frac{\partial^{m+n-1}v_x}{\partial x^{m-1}\partial y^n}=\frac{\partial^{m+n-1}v_y}{\partial x^m\partial y^{n-1}} \tag{4-124}$$

综合上述推导，可通过不同矢量基元的差分运算，获得各种多极子模型，从而由相应的波束展开计算得到系数矩阵 A_x^c、A_y^c、A_x^s 和 A_y^s；再根据矩阵方程（4-123）求解出各基元加权系数，获得任意所需指向性波束。在阵列模型和算法的建立中，采用矢量传感器为基元，有效提高了可形成多极子的阶数，减小了差分与级数截取的误差。

基于本节多极子理论所建立的波束形成算法，理论上可获得任意形状的波束；但考虑到水下复杂环境，为使接收范围内的环境因素影响最小，可依据阵列输出信噪比最大准则建立所需波束：

$$B(\theta, \vartheta_s) = E + \sum_{l=1}^{L} \beta^l \cos[l(\theta - \vartheta_s)] \qquad (4\text{-}125)$$

式中，E 为噪声的均方根值；ϑ_s 为导向角度；β 为常数，取阶数上限 L 与前面 $B(\theta)$ 中最高展开项阶数相同。从方程（4-124）中可以看出，该波束表述形式易于矩阵方程（4-123）的求解。当选取 $E = 0.5$，$\beta = 1$ 时，不同 L 值下，波束表达式为

$$B(\theta, \vartheta_s) = 0.5 + \sum_{l=1}^{L} \cos[l(\theta - \vartheta_s)] \approx \frac{\sin[(L+0.5)(\theta - \vartheta_s)]}{\sin[0.5(\theta - \vartheta_s)]} \qquad (4\text{-}126)$$

当 $L = 3$ 时，其阵列输出空间指向性如图 4-51 所示。

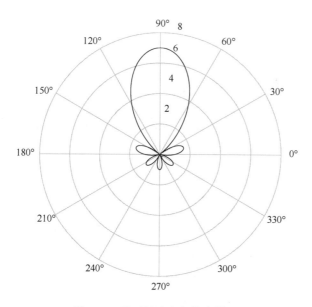

图 4-51　阵列输出空间指向性图

测量小尺寸矢量阵的空间指向性图必须要有一套精密的机械回转装置或伺服系统，将被测基阵装在旋转轴上，使其有效声中心位于旋转轴上。测量小尺寸矢量阵

的空间指向性图还必须在远场条件下进行，但对于低频小尺寸矢量阵，难度较大。

3. 阵列增益

阵列增益指阵列输出信噪比与单传感器输入信噪比间的处理增益，指向性指数用于描述波束形成器对非期望方向噪声的抑制能力。在各向同性噪声场中，指向性指数与阵列增益等价，它可定义为

$$\mathrm{DI} = 10\lg \frac{|\boldsymbol{W}^{\mathrm{H}}(\omega,\vartheta)\boldsymbol{v}(\omega,\varphi_s)|^2 \big|_{\vartheta=\varphi_s}}{\boldsymbol{W}^{\mathrm{H}}(\omega,\vartheta)\boldsymbol{\Gamma}(\omega)\boldsymbol{W}(\omega,\vartheta)} \qquad (4\text{-}127)$$

式中，ω 为工作角频率；φ_s 为目标入射方位；$\boldsymbol{\Gamma}(\omega)$ 为噪声协方差矩阵。因此讨论指向性指数时需要讨论接收噪声的协方差矩阵。对于常规应用环境而言，通常将背景噪声场建模为各向同性噪声。加权系数 $\boldsymbol{W}$ 是组成波束所需的与阵列流形相对应的加权向量，$\boldsymbol{v}(\omega,\varphi_s) = [\mathrm{e}^{\mathrm{i}\varpi\cos(\varphi_1-\varphi_s)}\ \mathrm{e}^{\mathrm{i}\varpi\cos(\varphi_2-\varphi_s)}\ \cdots\ \mathrm{e}^{\mathrm{i}\varpi\cos(\varphi_N-\varphi_s)}]^{\mathrm{T}}$ 为矢量传感器组成基阵的导向矢量，其中 $\varpi = kr = \omega r / c$。

为获取最优阵列增益，将所需波束表达式（4-126）重写为

$$B_{MP}(\vartheta,\varphi_s) = \sum_{m=0}^{M} a_m \cos[m(\vartheta-\varphi_s)] = \frac{1}{2}\sum_{m=0}^{M} a_m[\mathrm{e}^{\mathrm{i}m(\vartheta-\varphi_s)} + \mathrm{e}^{-\mathrm{i}m(\vartheta-\varphi_s)}]$$

$$= \sum_{m=-M}^{M} b_m \mathrm{e}^{\mathrm{i}m(\vartheta-\varphi_s)} = [\boldsymbol{b}\boldsymbol{\gamma}(\vartheta)]^{\mathrm{T}}\boldsymbol{e}(\varphi_s) \qquad (4\text{-}128)$$

式中

$$\boldsymbol{b} = [b_{-M},\cdots,b_0,\cdots,b_M]^{\mathrm{T}} \qquad (4\text{-}129a)$$

$$\boldsymbol{\gamma}(\vartheta) = \mathrm{diag}[\mathrm{e}^{-\mathrm{i}M\vartheta},\cdots,1,\cdots,\mathrm{e}^{\mathrm{i}M\vartheta}] \qquad (4\text{-}129b)$$

$$\boldsymbol{e}(\varphi) = [\mathrm{e}^{\mathrm{i}M\varphi},\cdots,1,\cdots,\mathrm{e}^{-\mathrm{i}M\varphi}]^{\mathrm{T}} \qquad (4\text{-}129c)$$

并将导向矢量 $\boldsymbol{v}(\omega,\varphi_s)$ 中的元素 $\mathrm{e}^{\mathrm{i}\varpi\cos\theta}$ 项进行 Jacobi-Anger 展开有

$$\mathrm{e}^{\mathrm{i}\varpi\cos(\varphi_n-\varphi_s)} = \sum_{m=0}^{\infty} \varepsilon_m \mathrm{J}_m(\varpi)\cos m(\varphi_n-\varphi_s)$$

$$= \sum_{m=-\infty}^{+\infty} \mathrm{i}^m \mathrm{J}_m(\varpi)\mathrm{e}^{\mathrm{i}m(\varphi_n-\varphi_s)} \qquad (4\text{-}130a)$$

$$\varepsilon_m = \begin{cases} 1, & n = 0 \\ 2\mathrm{i}^m, & m = 1,2,\cdots,N \end{cases} \qquad (4\text{-}130b)$$

式中，J_m 为第 m 阶一类贝塞尔函数。令实际输出式（4-131）与期望输出式相等：

$$B(\boldsymbol{W}(\omega)) = \sum_{m=-M}^{M} \mathrm{e}^{-\mathrm{i}m\varphi_s} \mathrm{i}^m \mathrm{J}_m(\varpi)\boldsymbol{\psi}_n^{\mathrm{T}}\boldsymbol{W}^*(\omega) \qquad (4\text{-}131)$$

可求得阵列增益最大时的基阵加权矢量：

$$\boldsymbol{W}(\omega,\vartheta) = \boldsymbol{\Psi}^{\mathrm{H}}(\boldsymbol{\Psi}\boldsymbol{\Psi}^{\mathrm{H}})^{-1}\boldsymbol{J}^*(\varpi)\boldsymbol{\gamma}^*(\vartheta)\boldsymbol{b} \qquad (4\text{-}132a)$$

$$\boldsymbol{\Psi} = [\boldsymbol{\psi}_{-M}, \cdots, \boldsymbol{\psi}_0, \cdots, \boldsymbol{\psi}_M]^{\mathrm{T}} \tag{4-132b}$$

$$\boldsymbol{\psi}_m = [\mathrm{e}^{im\varphi_1} \ \mathrm{e}^{im\varphi_2} \cdots \mathrm{e}^{im\varphi_N}]^{\mathrm{T}} \tag{4-132c}$$

$$\boldsymbol{J}^*(\varpi) = \mathrm{diag}\{(\mathrm{i}^{-M}\mathrm{J}_{-M}(\varpi))^{-1}, \cdots, (\mathrm{J}_0(\varpi))^{-1}, \cdots, (\mathrm{i}^M\mathrm{J}_M(\varpi))^{-1}\} \tag{4-132d}$$

将其代入式（4-127）中，有

$$\mathrm{DI} = 10\lg \frac{N^2 \, |\boldsymbol{W}^{\mathrm{H}}(\omega)\boldsymbol{v}(\omega,\varphi_s)|^2 \big|_{\vartheta=\varphi_s}}{\boldsymbol{b}^{\mathrm{T}}\boldsymbol{\gamma}(\vartheta)\boldsymbol{J}(\varpi)\boldsymbol{\Psi}\boldsymbol{\varGamma}(\omega)\boldsymbol{\Psi}^{\mathrm{H}}\boldsymbol{J}^*(\varpi)\boldsymbol{\gamma}^*(\vartheta)\boldsymbol{b}} \tag{4-133}$$

圆环阵噪声协方差矩阵具有解析解，在分析阵列性能时可将其拆解为多个圆环阵，此时 $\boldsymbol{\varGamma}(\omega)$ 是一个循环矩阵，它可以分解为

$$\boldsymbol{\varGamma}(\omega) = \boldsymbol{F}\boldsymbol{\Lambda}(\omega)\boldsymbol{F}^{\mathrm{H}} \tag{4-134}$$

式中，$\boldsymbol{F}$ 为傅里叶矩阵，

$$\boldsymbol{F} = \frac{1}{\sqrt{N}}[\boldsymbol{f}_1, \boldsymbol{f}_2, \cdots, \boldsymbol{f}_N] \tag{4-135a}$$

$$\boldsymbol{f}_n = [1, \mathrm{e}^{\mathrm{i}(n-1)\varphi_1}, \cdots, \mathrm{e}^{\mathrm{i}(n-1)\varphi_N}] = \boldsymbol{\psi}_{n-1} \tag{4-135b}$$

$\boldsymbol{\Lambda}(\omega)$ 为由特征值组成的对角矩阵，

$$\boldsymbol{\Lambda}(\omega) = \mathrm{diag}\{\lambda_1(\omega), \lambda_2(\omega), \cdots, \lambda_N(\omega)\} \tag{4-135c}$$

因此

$$\boldsymbol{\Psi}\boldsymbol{\varGamma}(\omega)\boldsymbol{\Psi}^{\mathrm{H}} = \boldsymbol{\Psi}\boldsymbol{F}\boldsymbol{\Lambda}(\omega)\boldsymbol{F}^{\mathrm{H}}\boldsymbol{\Psi} = \boldsymbol{\Lambda}_{2M}(\omega) \tag{4-136a}$$

$$\boldsymbol{\Lambda}(\omega) = M\mathrm{diag}\{\lambda_{M+1}(\omega), \lambda_M(\omega), \cdots, \lambda_1(\omega), \lambda_2(\omega), \cdots, \lambda_{M+1}(\omega)\} \tag{4-136b}$$

将其代入式（4-133）中，最终可得阵列增益的表达式为

$$\mathrm{DI} = 10\lg \frac{N^2}{\dfrac{\lambda_1(\omega)b_0^2}{\mathrm{J}_0^2(\varpi)} + \sum_{m=1}^{M} \dfrac{\lambda_{m+1}(\omega)b_m^2}{\mathrm{J}_m^2(\varpi)}} \tag{4-137}$$

通常，$\lambda_{m+1}(\omega)/\mathrm{J}_m^2(\varpi)$ 的值随频率的变化不大，因此阵列增益随工作频率的变化不大。然而，当贝塞尔函数接近于零时，$\lambda_{m+1}(\omega)/\mathrm{J}_m^2(\varpi)$ 的变化将非常明显，此时可能造成指向性性能的严重下降。具体表现为，在 DI 随频率的变化曲线中，在某些频点周围，将出现 DI 值快速降低的凹点。

4. 白噪声增益

白噪声增益是波束形成器对不相关噪声的放大程度，是算法稳健性的表征，决定了其工程实现的可能性。白噪声增益定义为

$$\mathrm{WNG} = 10\lg \frac{|\boldsymbol{W}^{\mathrm{H}}(\omega,\vartheta)\boldsymbol{v}(\omega,\varphi_s)|^2 \big|_{\vartheta=\varphi_s}}{\boldsymbol{W}^{\mathrm{H}}(\omega,\vartheta)\boldsymbol{W}(\omega,\vartheta)} \tag{4-138}$$

各基元接收白噪声互不相关，$\boldsymbol{\varGamma}(\omega)$ 为单位阵，可得

$$\text{WNG} = 10 \lg \frac{N}{\boldsymbol{b}^{\mathrm{T}} \boldsymbol{\gamma}(\vartheta) \boldsymbol{J}(\varpi) \boldsymbol{J}^{*}(\varpi) \boldsymbol{\gamma}^{*}(\vartheta) \boldsymbol{b}}$$

$$= 10 \lg \frac{N}{\displaystyle\sum_{m=-M}^{M} \frac{b_m^2}{\mathrm{J}_m^2(\varpi)}} \quad\quad\quad (4\text{-}139)$$

可以看出，白噪声增益与参与波束形成的基元个数有关，当波束形成器的阶数确定时，可以通过增加基元个数来提升阵列的稳健性。同时，白噪声增益表达式中的分母是不同阶特征函数平方和的函数，因此波束形成器的阶数越高，WNG 分母的值越大，阵列稳健性越差。

另外，白噪声增益的表达式中包含 $b_m^2 / \mathrm{J}_m^2(\varpi)$ 项，而贝塞尔函数是随频率变化的函数，因此白噪声增益的值将随工作频率的变化而变化。由于贝塞尔函数存在零值点，因此在零值点附近 WNG 曲线将出现凹点，性能下降严重，限制基阵的工作带宽。

4.3.3　小尺寸矢量阵水池低频校准方法

阵列误差的来源多种多样，包括传感器制作误差、安装误差以及周围环境因素的影响等。而基元的幅相不一致误差、阵元方向图误差以及基元安装的位置误差等，都是基阵固有误差，可以统一用方位依赖的阵元幅相误差进行建模[41]。小尺寸基阵校准的目的之一便是校准这些固有不一致量。

小尺寸基阵尺度小，可以灵活安装在小平台上，但也容易受到周围结构体的散射影响，且散射场与声波频率有关。由于水声工作环境的限制，能进行基阵校准的频率下限被规定得非常严格，低频测量难度显著增加；而基阵尺寸对于校准空间的不可忽略性使得问题更为复杂。对于小尺寸矢量基阵而言，矢量传感器不仅有幅相误差，还有指向性图的影响，而且其在特定角度上的相位跳变特性也增加了校准的难度。综合以上因素，建立小尺寸矢量阵的系统校准模型，对基阵及其周围结构体组成的声呐系统进行整体测试，是小尺寸矢量阵研究中必须解决的问题。

室内实验水池能够在较低噪声的可控环境下实现待测设备的可靠测量，但由于水声测量的自身特点，决定了在有限水域空间条件下测量的频率下限，因而在水池等有限尺寸空间内实现更低频测试成为水声校准技术的研究难点。水池低频工作的首要限制因素为直达波信号获取困难。为了扩展水池测量的频率下限，获取有效的直达波信号，声脉冲瞬态抑制技术[42-44]、瞬态信号建模技术[45, 46]、近场修正技术[47, 48]以及空间域处理技术[49]都被引入传感器校准工作当中，但多数处理方法只针对单个被测传感器进行技术讨论，且形式复杂，实现困难。

1. 水池低频测量技术

小尺寸矢量阵的水池低频测量时原则上必须满足第 1 章中的远场条件，在被测基阵与发射器间的距离不满足此条件时，接收声场应建模为具有近场效应的球面波场。在室内水池中进行小尺寸基阵低频测量时存在的另一个问题为，为避免反射声波的影响，需在发射信号到达稳态之前进行测试，但是在 500Hz 以下的低频工作段，多途信号与直达波之间的时间差很短，不足以使脉冲达到稳态。为满足水池低频测量需求，应考虑利用暂态段信号进行基阵低频测量。将换能器响应到达稳态前，信号幅度上升过程中的暂态段响应，称为暂态段信号。

1）暂态段信号建模

根据换能器理论，换能器是一个分布参数系统，系统的各个部分都有惯性、弹性和消耗能量的性质，但在指定频率附近和指定振速的情况下，整个振动系统可以用集中参数系统表示。在外力 F 作用下，换能器等效集中参数系统的振动位移满足：

$$M_m \frac{\mathrm{d}^2 x}{\mathrm{d}t^2} + R_m \frac{\mathrm{d}x}{\mathrm{d}t} + D_m x = F \qquad (4\text{-}140)$$

式中，M_m 为等效集中参数系统中的质量；D_m 为弹性系数；R_m 为阻力系数。

对于发射换能器，当外力为谐振激励时，$F = x_0 \mathrm{e}^{\mathrm{i}\omega t}$，系统固有频率与施加的外力频率相当。取 $\delta = R_m / (2M_m)$，它与 φ_0 分别表示发射器的衰减系数和系统本身的初始相位，式（4-140）的解为

$$
\begin{aligned}
x(t) &= x_0 [1 - \exp(-\delta t)] \exp[\mathrm{i}(\omega t - \varphi_0)] \\
&= x_0 \{ \exp[\mathrm{i}(\omega t - \varphi_0)] - \exp[\mathrm{i}(\omega + \mathrm{i}\delta)t - \varphi_0] \}
\end{aligned}
\qquad (4\text{-}141)
$$

式（4-141）右侧第二项随时间的增加而衰减，经历若干谐振周期后消失，右侧将只保留第一项，整个系统响应由此达到稳态，它表现为等幅振动，且与期望信号一致。任何振荡的机电系统在启动阶段会存储一定的能量，它们以电能、磁能或弹性形变能等形式存储在无功阻抗分量之中，随着时间的推移，系统负载存储的能量趋向饱和。引入发射器的品质因数 $Q_s = \omega M_m / R_m$，它可定量描述系统趋向饱和的时间，即须经过 Q_s 周期后振荡信号幅度才能达到稳态振幅的 95.5%，$1.5Q_s$ 周期以后振动幅度达到 99%。

对于接收传感器而言，同样可等效为集中参数系统，它所满足的方程形式与式（4-140）相同，不同的是需用发射器的暂态段信号激励接收传感器，即

$$M_v \frac{\mathrm{d}^2 v}{\mathrm{d}t^2} + R_v \frac{\mathrm{d}v}{\mathrm{d}t} + D_v v = x(t) \qquad (4\text{-}142)$$

求解该方程，可得接收信号 $v(t)$ 的表达式：

$$v(t) = \frac{x_0}{Z_1} \exp[\mathrm{i}(\omega t - \varphi_0)] - \frac{x_0}{Z_2} \exp(-\delta t) \exp[\mathrm{i}(\omega t - \varphi_0)] - A \exp(-\delta_0 t) \exp[\mathrm{i}(\omega_0 t - \varphi_v)]$$

(4-143)

式中，$\delta_0 = R_v / (2M_v)$ 为接收器的衰减系数；$\omega_0 = \sqrt{D_v/M_v}$ 为接收器的谐振频率，M_v、D_v 与 R_v 分别为接收传感器等效集中参数系统中质点的质量、弹性系数和阻力系数；A 和 φ_v 为仅与接收传感器特性有关的常数；阻抗系数 Z_1 和 Z_2 定义为

$$Z_1 = D_v - M_v \omega^2 + \mathrm{i}\omega R_v \tag{4-144a}$$

$$Z_2 = R_v(\mathrm{i}\omega - \delta) + M_v(\mathrm{i}\omega - \delta)^2 + D_v \tag{4-144b}$$

式（4-143）右侧第三项仅与接收传感器自身特性有关。一般来说，发射系统与接收系统间是相互独立的，二者之间耦合系数远小于 1，即接收器工作频率 ω 远离接收器的谐振频率 ω_0；且后续加入滤波电路，因此虽然接收信号前端会有其他频率的成分，但其幅度会被限制到很低，接收信号仅需考虑式（4-143）中的前两项即可。暂态段响应信号为

$$v(t) = \frac{x_0}{Z_1} \exp[\mathrm{i}(\omega t - \varphi_0)] - \frac{x_0}{Z_2} \exp(-\delta t) \exp[\mathrm{i}(\omega t - \varphi_0)] \tag{4-145}$$

根据方程（4-145），暂态段和稳态段信号的本质区别在于：稳态段信号只有第一项起作用，其幅度响应和相位响应取决于 Z_1，形式较为简单；而暂态段信号两项同时起作用，Z_2 的存在增加了其幅度和相位响应特性的复杂程度。

在分析稳态段信号的幅度和相位响应特征时，引入接收器品质因数 $Q = \omega_0 M_v / R_v$，并定义 $\omega' = \omega / \omega_0 \ll 1$。忽略 ω' 的三次幂及以上的高阶项，可得

$$|Z_1| = D_v \sqrt{1 + \left(\frac{1}{Q^2} - 2\right)\omega'^2} \tag{4-146a}$$

$$\varphi(Z_1) = a\tan\frac{\omega R_v}{D_v - M_v\omega^2} = a\tan\left(\frac{1}{Q}\frac{1}{1/\omega' - \omega'}\right) \tag{4-146b}$$

同理有

$$|Z_2| = D_v\sqrt{1 + \frac{1}{Q_s \cdot Q}\omega' + \left(\frac{1}{Q^2} - 2 - \frac{1}{2Q_s^2}\right)\omega'^2} \tag{4-147a}$$

$$\varphi(Z_2) = \arctan\left[\frac{\dfrac{1}{Q} - \dfrac{1}{Q_s}\omega'}{\dfrac{1}{\omega'} + \left(\dfrac{1}{(2Q_s)^2} - 1\right)\omega' - \dfrac{1}{2Q_s \cdot Q}}\right] \tag{4-147b}$$

由此，接收传感器的整体响应为

$$v(t) = F_m \left(\frac{1}{|Z_1|} \mathrm{e}^{-\mathrm{i}\varphi(Z_1)} - \frac{\mathrm{e}^{-\delta t}}{|Z_2|} \mathrm{e}^{-\mathrm{i}\varphi(Z_2)} \right) \exp[\mathrm{i}(\omega t - \varphi_0)] \quad (4\text{-}148)$$

式中，等式右侧括号中第二项为衰减项，所占比例随时间变化，因此暂态段信号测得的幅度和相位不一致量还与时间有关系。对比式（4-148）与式（4-141）可见，阻抗之间的不同会使接收器的暂态段信号与发射器的暂态段信号不同，且传感器特性只影响衰减项；不同传感器的接收信号间将不再是线性关系。

由 Z_1 和 Z_2 的表达式可知，对于不同的传感器通道，在同一频点处，利用稳态段信号测得的幅相不一致量只与接收器有关系；而利用暂态段测得的不一致量则与接收器和发射器均有关。但当发射器品质因数 Q_s 较大时，阻抗幅度 Z_2 满足：

$$|Z_2| \approx D_v \sqrt{1 + \left(\frac{1}{Q^2} - 2 \right) \omega'^2} = |Z_1| \quad (4\text{-}149a)$$

$$\varphi(Z_2) \approx \arctan \left(\frac{1}{Q} \frac{1}{1/\omega' - \omega'} \right) = \varphi(Z_1) \quad (4\text{-}149b)$$

此时方程（4-148）可化简成方程（4-141）的形式。发射器品质因数较小时，暂态段响应的持续时间将会很短，有利于发射信号迅速到达稳态段。基于测量频率 ω 与基阵谐振频率 ω_0 来合理选取高品质因数 Q_s 发射换能器，并适当选取暂态段信号，可将暂态段测量结果在一定程度上等效为稳态段测量结果。由此，利用式（4-148），可将有限空间中的基阵测量工作扩展至传感器的暂态响应工作段，从而避免有限空间中反射波的影响，降低水池空间中传感器测试的频率下限。

2）暂态段信号特性分析

下面分别通过仿真分析和实测研究对暂态段信号模型的有效性和可靠性进行验证。

（1）仿真分析。

式（4-146）和式（4-147）中，暂态项和稳态项的幅度表达式忽略了频率的三次以上高阶项，需要对其合理性进行定量说明。仿真部分将分三项内容进行考虑，分别为稳态项的近似合理性、衰减项的近似合理性以及整个暂态段信号的特性分析。

①稳态项的幅相特性及低频近似。

选取接收器的品质因数 Q 分别为 1、3、8 时，稳态项的响应特性如图 4-52 所示。

图 4-52（a）中，响应曲线从上到下对应的 Q 值逐渐增大。在 $\omega/\omega_0 < 0.2$，即工作频率低于谐振频率的 20% 时，近似表达式与真值一致性良好，可以用近似函数代替稳态表达式。而相位特性不作近似，它与 Q 值有关，Q 越大，低频段相位响应随频率的变化值越小。

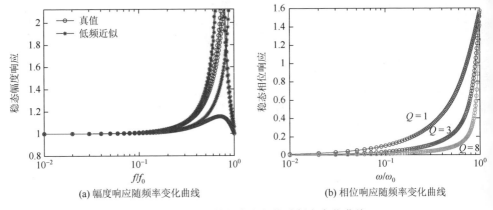

(a) 幅度响应随频率变化曲线　　　　　　(b) 相位响应随频率变化曲线

图 4-52　稳态项的幅度和相位随频率变化曲线

②衰减项的幅相特性与低频近似。

同样选取接收器的品质因数 Q 分别为 1、3、8，假定发射器品质因数为 2，衰减项的响应特性如图 4-53 所示。

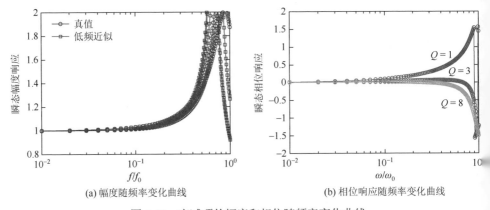

(a) 幅度随频率变化曲线　　　　　　　(b) 相位响应随频率变化曲线

图 4-53　衰减项的幅度和相位随频率变化曲线

图 4-53（a）中，曲线从上到下对应的 Q 值逐渐增大。在 $\omega/\omega_0 < 0.2$，即工作频率低于谐振频率的 20%时，近似表达式与真值完全一致，其近似程度要优于稳态项的情况，可以用近似函数代替真值表达式。相位表达式与 Q 值有关，Q 越大，低频段相位响应随频率的变化值越小。

③暂态段信号分析。

暂态段信号是稳态项与衰减项的叠加效果，接收器与发射器的暂态段信号时有不同，且其不一致量与时间有关，下面定量分析二者间的差异。

选取工作频率 $\omega = 0.2\omega_0$ 且以发射换能器 $Q_s = 2$ 为例，接收传感器在不同品质因数设定下，幅度比和相位差随接收信号周期数的变化情况如图 4-54 所示。

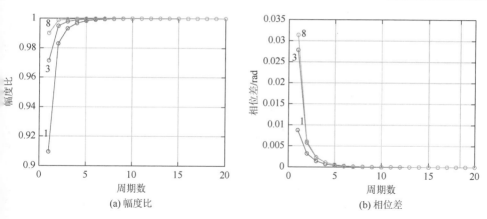

图 4-54　收发传感器间幅度比和相位差随周期数变化情况（$Q_s = 2$）

当接收传感器的 Q 值大于 1 时，利用第二个周期开始的暂态段信号所得幅度误差不超过 10%，相位差不超过 0.02rad。即在发射换能器 $Q_s = 2$、接收传感器 $Q > 1$ 时，发射器与接收器的幅度和相位差可忽略。当选取 $Q_s = 2$ 而 $Q = 1$ 时，发射器与接收器信号波形对比如图 4-55 所示。

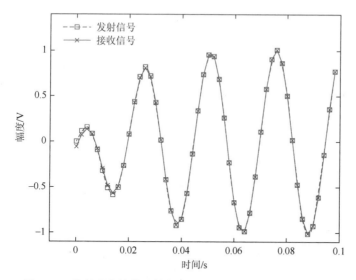

图 4-55　发射器和接收器的暂态波形对比（$Q_s = 2$，$Q = 1$）

当发射换能器 $Q_s = 5$ 而其他参数不变时，收发传感器间的幅度比和相位差随周期数的变化情况如图 4-56 所示。

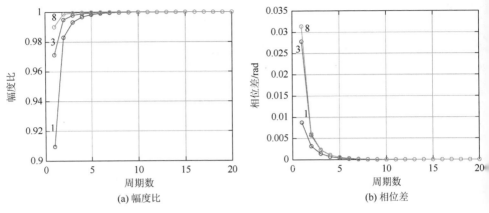

图 4-56　收发传感器间幅度比和相位差随周期数变化情况（$Q_s = 5$）

利用第二个周期开始的暂态信号进行测试时，所得结果的幅度误差不超过 5%，相位差不超过 0.02rad，即在发射换能器 $Q_s = 5$ 而接收传感器 $Q > 1$ 时，幅度和相位误差很小。以品质因数 $Q_s = 5$，$Q = 2$ 为例，仿真计算发射器暂态段信号与接收器暂态段信号，其对比结果如图 4-57 所示。

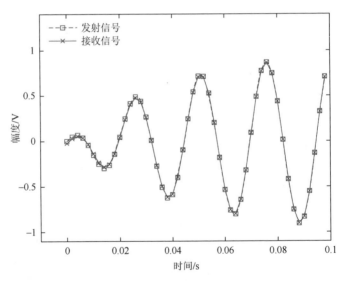

图 4-57　发射器和接收器的暂态计算结果（$Q_s = 5$，$Q = 2$）

从发射器与接收器暂态响应的仿真结果可以看出，收发传感器间的暂态□信号在开始响应后的一个周期内略有差异，之后趋于一致；而无论暂态段或□态段，从第二个周期开始，其接收信号与发射信号间呈线性关系。这表明，□感器接收的暂态段信号可以按照方程（4-148）进行描述，且在合理选择信□

区域的基础上，可将暂态段测量结果一定程度上等效为稳态段测量结果，扩展水池的工作频率下限。

（2）实测研究。

为进一步验证暂态段信号测量技术的可行性，选取消声效果较好的 2kHz 及 2.5kHz 频点在消声水池进行实验测试。信号形式为 CW 脉冲信号，2kHz 工况下填充 10 个波，2.5kHz 工况填充 15 个波。利用两只相距较近的加速度计同时接收声源信号，其幅度比和相位差随接收信号周期数的变化关系如图 4-58 所示。

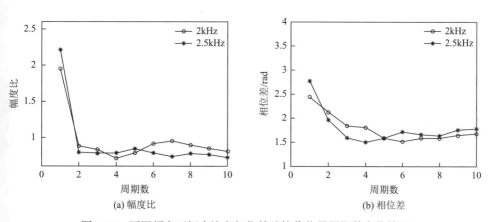

(a) 幅度比　　　　　　　　　　　　　(b) 相位差

图 4-58　不同频率下幅度比和相位差随接收信号周期数变化情况

由测量结果可知，从第二个周期开始，两只加速度计的幅度比与稳态已经基本一致，相位差虽然相差略大，但相较第一个周期而言，与稳态部分已经接近。上述结果是利用单个周期内的数据所得，掺入了测量与计算误差的影响，实际中在确定了选取的信号段后便可利用较长数据进行处理，误差将会进一步降低。以上分析验证了暂态段信号测量技术的有效性。

2. 基阵接收近场信号模型

低频工作条件下，基阵中心与发射器间距离有限，且与基阵孔径可比拟，不满足远场条件，声源以球面波形式传播。有限空间中的小尺寸矢量阵校准模型如图 4-59 所示。

以阵中心为原点建立极坐标系，声源与基阵中心间距为 r，基阵上第 m #基元在极坐标下的坐标为 (ρ_m, θ_m)。在校准过程中，保持声源不动，利用机械装置旋转基阵；根据声场互易性，它等效于保持基阵固定不动而声源从不同方向入射。在基阵旋转一周的过程中，特定基元与声源间的距离会发生变化，且声源相对此基元矢量通道正轴的入射角度 θ' 也不同于基阵参考点处，即矢量通道接收信号的幅度和指向性均不同于阵中心处。

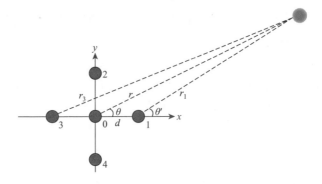

图 4-59　基阵水池校准模型

忽略初始相位，将声源辐射信号重写为

$$p(t) = [1 - \exp(-\delta t)]\exp(\mathrm{i}\omega t) \qquad (4\text{-}150)$$

则在声源入射方向为 θ 时，声场中坐标为 (ρ_m, θ_m) 的任意一点处声压和振速场表达式为

$$
\begin{aligned}
p_m(r,t) &= \frac{1}{r_\theta} p(t - \tau(\theta)) \\
&= \frac{1}{r_\theta}\{1 - \exp[-\delta(t - \tau(\theta))]\}\exp(\mathrm{i}\omega t - kr_\theta)
\end{aligned}
\qquad (4\text{-}151\text{a})
$$

$$u_m(r,t) = \frac{1}{\rho c}\frac{1}{r_\theta}\frac{1 + \mathrm{i}kr_\theta}{\mathrm{i}kr_\theta}\left\{1 - \frac{\omega}{(\omega + \mathrm{i}\delta)}\exp[-\delta(t - \tau(\theta))]\right\}\exp(\mathrm{i}\omega t - kr_\theta) \qquad (4\text{-}151\text{b})$$

式中

$$r_\theta = \sqrt{(r\cos\theta - \rho_m\cos\theta_m)^2 + (r\sin\theta - \rho_m\sin\theta_m)^2} \qquad (4\text{-}152\text{a})$$

$$\tau(\theta) = \frac{r_\theta}{c} \qquad (4\text{-}152\text{b})$$

令

$$\frac{\omega}{\omega + \mathrm{i}\delta} = \xi \qquad (4\text{-}153)$$

可知声压与矢量通道衰减项的系数相差一个复常数 ξ，即二者之间在暂态段存在一个很小的相位差，且矢量通道将比声压通道更晚到达稳态。由于工作角频率 ω 远大于 δ，因此 ξ 可近似为 1，有

$$
\begin{aligned}
u_m(r,t) &= \frac{1}{\rho c}\frac{1}{r_\theta}\frac{1 + \mathrm{i}kr_\theta}{\mathrm{i}kr_\theta}\{1 - \xi\exp[-\delta(t - \tau(\theta))]\}\exp(\mathrm{i}\omega t - kr_\theta) \\
&\approx \frac{1}{\rho c}\frac{1}{r_\theta}\frac{1 + \mathrm{i}kr_\theta}{\mathrm{i}kr_\theta}p_m(r,t)
\end{aligned}
\qquad (4\text{-}154)
$$

振速在 x、y 方向的投影即为 x 通道和 y 通道的指向性，由图 4-59 中几何关系可知，第 m #基元的指向性可以表示为

$$D_m^x(\theta) = \cos\theta' = \frac{r\cos(\theta - \theta_m) - \rho_m}{r_\theta} \tag{4-155a}$$

$$D_m^y(\theta) = \sin\theta' = \frac{r\sin(\theta - \theta_m)}{r_\theta} \tag{4-155b}$$

需要注意的是，基阵旋转一周的过程中，基元内部坐标系将会随基阵旋转而发生变化。最终可得阵列流形向量形式如下：

$$\boldsymbol{v}(\theta) = [\boldsymbol{v}_1(\theta), \cdots, \boldsymbol{v}_m(\theta), \cdots, \boldsymbol{v}_M(\theta)]^{\mathrm{T}} \tag{4-156a}$$

$$\boldsymbol{v}_m(\theta) = \begin{bmatrix} 1 \\ \dfrac{1+\mathrm{i}kr_\theta}{\mathrm{i}kr_\theta} \dfrac{1}{r_\theta} \end{bmatrix} \otimes \begin{bmatrix} D_m^x(\theta) \\ D_m^y(\theta) \end{bmatrix} p_m(t - \tau(\theta)) \tag{4-156b}$$

暂态近场模型下，接收信号模型与传统模型的区别不仅在于信号形式的改变，还在于指向性函数的变化。当声源与基阵几何中心距离 $r = 1\mathrm{m}$，基元距阵中心 0.4m 时，第 1#基元接收信号幅度随声源角度的变化情况如图 4-60 所示。

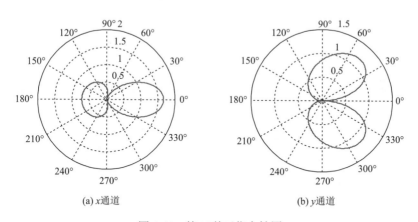

(a) x 通道　　　　　(b) y 通道

图 4-60　第 1#基元指向性图

区别于远场的"8"字形图案，暂态近场模型中矢量通道的指向性图发生了明显变化。x 通道的极大值位置仍出现在 x 轴上，但大小头现象明显；极小值位置不出现在 y 轴上，极小值与极大值出现位置不再相差 90°。y 通道的极小值点仍出现在 x 轴上，但其极大值点却不在 y 轴上，极大值点的位置与收发设备间距有关。通道与 y 通道之间的指向性图也出现较大差别，不再是单纯的正交关系。

3. 小尺寸矢量阵水池校准方法

1）基元固有误差校准方法

由前面建模可知，在低频小尺寸基阵的有限空间校准模型中，阵列流形已与远场平面波假设情况存在本质区别。但考虑到如下情况：

（1）水下低频声波波长远大于阵元尺寸（甚至远大于基阵尺寸），且基元经过初步筛选，指向性误差不予考虑；

（2）基元阻抗与波导介质相匹配，且基元间互散射的影响可以忽略；

（3）暂态响应信号段，结构体引起的散射场还未达到稳态，所占成分很小。

可假定基阵仅存在通道间幅相不一致误差。其中假设（1）基本与实际情况相符，假设（2）和（3）的合理性可依据实际情况进行验证，具体见 4.3.5 节。实验过程中控制旋转装置，均匀旋转基阵以获得所需方位的入射信号，共进行 E 个方向的测量，其中第 e 个方向上声源入射方位为 φ_{se}，并用 $\boldsymbol{\varphi}_s$ 表示入射方位的集合，$\boldsymbol{\varphi}_s = [\varphi_{s1}, \varphi_{s2}, \cdots, \varphi_{sE}]$。则第 m #基元的校准可表示为计算一复常数 a_m，它满足

$$\min_{a_m} \| a_m z_m(\boldsymbol{\varphi}_s) - v_m(\boldsymbol{\varphi}_s) \|^2 \tag{4-157}$$

计算可得

$$a_m = \frac{z_m^{\mathrm{H}}(\boldsymbol{\varphi}_s) v_m(\boldsymbol{\varphi}_s)}{z_m^{\mathrm{H}}(\boldsymbol{\varphi}_s) z_m(\boldsymbol{\varphi}_s)} \tag{4-158}$$

式中，$z_m(\boldsymbol{\varphi}_s)$ 为第 m #基元 E 个角度上测量值所构成的矢量；$v_m(\boldsymbol{\varphi}_s)$ 为根据阵列流形获得的第 m #基元理论响应。对于矢量通道，在拟合过程中，需去除矢量传感器自身相位跳变所引入的影响；而传感器实际相位跳变量与理论值可能不完全一致，因此在拟合前需进行自适应补偿。

将单基元校准方法推广至小尺寸矢量阵中。由于阵列仅存在通道幅相误差，校准矩阵可设定为对角阵，由此校准模型为

$$v(\varphi_{se}) = \boldsymbol{A}_e z(\varphi_{se}) = \mathrm{diag}\{c_1^P, c_1^x, c_1^y, \cdots, c_N^P, c_N^x, c_N^y\} z(\varphi_{se}) \tag{4-159}$$

式中，$\boldsymbol{A}_e$ 中元素表示对应通道的幅相不一致量。

由于矢量传感器自身的指向性，各角度入射时信噪比存在差异，因而数据的可信度彼此不同，可引入参数 α_e 对数据可信度进行调整。一般情况，α_e 的选取具有任意性。根据基元指向性随角度变化的情况，可选择矩形窗或其他任意形式的窗函数。此处，取数据均方幅值作为加权值，即

$$\alpha_e = z^{\mathrm{H}}(\varphi_{se}) z(\varphi_{se}) \tag{4-160}$$

则在加权参数 α_e 下，$\boldsymbol{A}_e$ 需满足

$$\min_{\alpha_e, A_e} \sum_{e=1}^{Q} \| v(\varphi_{se}) - \alpha_e A_e z(\varphi_{se}) \|^2 \tag{4-161}$$

而对于所有测量角度，有

$$A = \frac{1}{\sum\limits_{e=1}^{Q} \alpha_e} \sum_{e=1}^{Q} \alpha_e A_e \tag{4-162}$$

对角阵的限定可保证各基元的独立性，在充分考虑小尺寸基阵整体测量的同时，也在一定程度上剔除了有限空间声场的影响；暂态近场模型下矢量传感器偏心旋转作用的补充，可进一步确保有限空间中小尺寸矢量阵校准方法的准确性和可靠性。

2）小尺寸矢量阵系统整体校准方法

与传统的基阵校准概念略有区别，在小尺寸基阵的校准中，将不严格区分基元的校准（如基元位置误差、幅度和相位误差等）与基阵的校准，而将小尺寸基阵看作一个高阶传感器，将其阵列总体输出的高阶指向性作为校准依据。

当阵列存在未知误差时，利用已知声源离散测量阵列流形，并将其与理论阵列流形进行对比，仍是一种实用的阵列校正方法。它是将不同方向导向矢量 $z(\varphi_{se})$ 的集合作为实测阵列流形矩阵：

$$Z(\varphi_s) = [z(\varphi_{s1}), \cdots, z(\varphi_{se}), \cdots, z(\varphi_{sE})] \tag{4-163a}$$

$$\varphi_s = [\varphi_{s1}, \varphi_{s2}, \cdots, \varphi_{sE}] \tag{4-163b}$$

同时将对应方向上的理论阵列流形给出以作参考：

$$V(\varphi_s) = [v(\varphi_{s1}), \cdots, v(\varphi_{se}), \cdots, v(\varphi_{sE})] \tag{4-164}$$

变换时间和空间参数，重复进行若干次实验，利用统计值作为基阵的低频测量结果，以排除一些干扰因素，获得尽可能准确的测量值。

阵列校准的目的即为寻求一个合适的变换矩阵 T，使得当它作用于理论导向矢量时，其结果能完美近似实测导向矢量值，即

$$z(\varphi_{se}) = T v(\varphi_{se}) \tag{4-165}$$

此处，变换矩阵不必局限于特定的形式。定义代价函数为

$$J_{CA} = \sum_{e=1}^{E} \| z(\varphi_{se}) - T v(\varphi_{se}) \|^2 \tag{4-166}$$

并使代价函数取值最小，即

$$\arg\min_{T} J_{CA} = \arg\min_{T} \| Z(\varphi_s) - T V(\varphi_s) \|_F^2 \tag{4-167}$$

式中，F 代表 Frobenius 范数。为求式（4-167）的最优解，计算代价函数对 T 的导数并使之为零，有

$$\begin{aligned}
\frac{\partial J_{\mathrm{CA}}}{\partial \boldsymbol{T}} &= \frac{\partial}{\partial \boldsymbol{T}} \| \boldsymbol{Z}(\boldsymbol{\varphi}_s) - \boldsymbol{TV}(\boldsymbol{\varphi}_s) \|_{\mathrm{F}}^2 \\
&= \frac{\partial}{\partial \boldsymbol{T}} \operatorname{tr}\{(\boldsymbol{Z}(\boldsymbol{\varphi}_s) - \boldsymbol{TV}(\boldsymbol{\varphi}_s))^{\mathrm{H}}(\boldsymbol{Z}(\boldsymbol{\varphi}_s) - \boldsymbol{TV}\boldsymbol{\varphi}_s))\} \\
&= 2(\boldsymbol{Z}(\boldsymbol{\varphi}_s) - \boldsymbol{TV}(\boldsymbol{\varphi}_s))\boldsymbol{V}^{\mathrm{H}}(\boldsymbol{\varphi}_s) \\
&= 0
\end{aligned} \tag{4-168}$$

由此

$$\boldsymbol{T} = \boldsymbol{Z}(\boldsymbol{\varphi}_s)\boldsymbol{V}^{\mathrm{H}}(\boldsymbol{\varphi}_s)(\boldsymbol{V}(\boldsymbol{\varphi}_s)\boldsymbol{V}^{\mathrm{H}}(\boldsymbol{\varphi}_s))^{-1} \tag{4-169}$$

可得

$$\boldsymbol{V}^{\#}(\boldsymbol{\varphi}_s) = \boldsymbol{V}^{\mathrm{H}}(\boldsymbol{\varphi}_s)(\boldsymbol{V}(\boldsymbol{\varphi}_s)\boldsymbol{V}^{\mathrm{H}}(\boldsymbol{\varphi}_s))^{-1} \tag{4-170}$$

是矩阵的广义逆,因此式(4-169)可重新写为

$$\boldsymbol{T} = \boldsymbol{Z}(\boldsymbol{\varphi}_s)\boldsymbol{V}^{\#}(\boldsymbol{\varphi}_s) \tag{4-171}$$

从上述过程可以看出,小尺寸矢量阵系统整体校准方法即是将理论与实测阵列流形进行拟合,它可以在误差模型较复杂时直接对整体量进行校准,无须考虑每项误差的模型。

4.3.4　影响校准因素分析

当矢量传感器阵列安装于工作平台或水下载体时,这些基阵周围结构体引起的声散射将导致阵列接收信号畸变,使得小尺寸基阵性能遭到严重破坏。本节对小尺寸矢量阵周围结构体的散射效应进行分析,并给出散射效应下的小尺寸矢量阵系统校准方法。

1. 散射体对周围声场的畸变

基阵周围散射体包括具有解析形式的散射体和不具有解析形式的散射体。本节分别讨论以球形壳体为代表的具有解析解的散射声场求解方法、以薄圆板为代表的利用 Kirchhoff 积分公式的散射声场求解方法,以及复杂散射体周围利用有限元仿真计算其周边声场的方法;重点分析低频表现特征,并在低频近似基础上推广至任意柱对称形式。

1)球形壳体周围的散射场模型

在解决球类、无限长圆柱类,以及椭球类等 11 种能够用正交曲面坐标系表示的结构体的散射问题时,可以利用分离变量法求解,获得解析结果。此时,可以将散射场分解成不同阶特征声波的合成,同时将入射平面波进行相似分解,通过使总声场满足一定的边界条件,来获得各阶散射波的幅度。根据散射体表面阻抗的不同,可以将散射体分成三类:弹性散射体、刚性散射体以及软声散射体。刚

性散射体是指表面为绝对硬的散射体，边界条件为散射体表面振速为零；软声散射体是指表面为绝对软的散射体，边界条件为散射体表面声压为零。弹性散射体表面为阻抗型表面，其声阻抗介于绝对软和绝对硬之间。将声透明散射体看作对声波传播没有任何影响的散射体，也可认为是不存在散射体的情况。

　　球坐标系中，假定接收基元的坐标为 $r = (r, \theta, \varphi)$，其中，r、θ 和 φ 分别代表与原点的径向距离、俯仰角和方位角信息。考虑如图 4-61 所示的球形壳体，其内外半径分别为 a_1、a_2；球内介质密度和声速分别为 ρ_1、c_1，波数为 k_1；球外介质密度和声速分别为 ρ_2、c_2，波数为 k_2；球壳材料的密度为 ρ。假设平面波从 (θ_s, φ_s) 方向入射，即波数矢量为 $\boldsymbol{k}_s = k(\propto, \theta_s, \varphi_s)$，将入射平面波在球坐标系中展开为

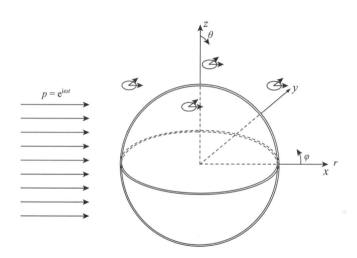

图 4-61　球壳形散射体示意图

$$p_i = \sum_{l=0}^{\infty} \sum_{m=-l}^{l} \mathrm{i}^l \mathrm{j}_l(k_2 r) Y_l^m(\theta, \varphi) Y_l^{m^*}(\theta_s, \varphi_s) \qquad (4\text{-}172a)$$

$$Y_l^m(\theta, \varphi) = \mathrm{P}_l^m(\cos\theta) \mathrm{e}^{\mathrm{i}m\varphi} \qquad (4\text{-}172b)$$

式中，$\mathrm{j}_l(k_2 r)$ 为球贝塞尔函数；$\mathrm{P}_l^m(\cos\theta)$ 为 l 阶 m 次连带勒让德函数。将声波在壳体上的散射声压和声波透过壳体的透射声压分别写为

$$p_s = \sum_{l=0}^{\infty} \sum_{m=-l}^{l} \mathrm{i}^l A_l \mathrm{h}_l(k_2 r) Y_l^m(\theta, \varphi) Y_l^{m^*}(\theta_s, \varphi_s) \qquad (4\text{-}173a)$$

$$p_t = \sum_{l=0}^{\infty} \sum_{m=-l}^{l} \mathrm{i}^l B_l \mathrm{j}_l(k_1 r) Y_l^m(\theta, \varphi) Y_l^{m^*}(\theta_s, \varphi_s) \qquad (4\text{-}173b)$$

式中，$\mathrm{h}_l(k_2 r)$ 是代表向外辐射的第二类 l 阶球汉克尔函数。忽略薄壳的对称振动，利用壳体内外两侧速度相等的边界条件，对正交展开的第 l 阶函数有

$$\frac{1}{\mathrm{i}\omega\rho_1}\frac{\partial p_{tl}}{\partial r}\bigg|_{r=a_1}=\frac{1}{\mathrm{i}\omega\rho_2}\frac{\partial(p_{il}+p_{sl})}{\partial r}\bigg|_{r=a_2}=-u_l \tag{4-174a}$$

$$p_{tl}\big|_{r=a_1}-(p_{il}+p_{sl})\big|_{r=a_2}=Z_l u_l \tag{4-174b}$$

式中，Z_l 是球形壳体的机械阻抗，它与壳体材料的密度、厚度以及声波频率等参数有关。将式（4-172）和式（4-173）代入式（4-174），可获得系数 A_l 和 B_l 的估计：

$$A_l=-\frac{\mathrm{j}_l'(\mu_2)}{\mathrm{h}_l'(\mu_2)}\left[1-\frac{\rho_2 c_2}{\mu_2^2\mathrm{h}_l'(\mu_2)\mathrm{j}_l'(\mu_2)(Z_l+Z_{s1}+Z_{s2})}\right] \tag{4-175a}$$

$$B_l=\frac{\rho_1 c_1}{\mu_2^2\mathrm{h}_l'(\mu_2)\mathrm{j}_l'(\mu_1)(Z_l+Z_{s1}+Z_{s2})} \tag{4-175b}$$

式中，$\mu_1=k_1 a_1$；$\mu_2=k_2 a_2$；$Z_{s1}=-\mathrm{i}\rho_1 c_1\mathrm{j}_l(\mu_1)/\mathrm{j}_l'(\mu_1)$ 为第 1# 振型向内区域的球面辐射阻抗；$Z_{s2}=-\mathrm{i}\rho_2 c_2\mathrm{h}_l(\mu_2)/\mathrm{h}_l'(\mu_2)$ 为第 1# 振型向外区域的球面辐射阻抗。低频工作状态下，各等效波阻抗可近似为常数。根据声场叠加定理，可得球壳外部观察点声压场的表达式为

$$p(\boldsymbol{r},\boldsymbol{k}_s)=p_i+p_s$$

$$=\sum_{l=0}^\infty \mathrm{i}^l(2l+1)(\mathrm{j}_l(k_2 r)+A_l\mathrm{h}_l(k_2 r))$$

$$\cdot\left[\sum_{m=-l}^l\frac{(l-|m|)!}{(l+|m|)!}\mathrm{P}_l^{|m|}(\cos\theta)\mathrm{P}_l^{|m|}(\cos\theta_s)\mathrm{e}^{\mathrm{i}m(\varphi-\varphi_s)}\right] \tag{4-176}$$

交换式（4-176）中 l 与 m 的求和顺序，可得

$$p(\boldsymbol{r},\boldsymbol{k}_s)=\sum_{m=-\infty}^{+\infty}\mathrm{e}^{\mathrm{i}m(\varphi-\varphi_s)}C_m \tag{4-177}$$

式中

$$C_m=\sum_{l=|m|}^\infty B_l(k_2 r)\frac{(l-|m|)!}{(l+|m|)!}\mathrm{P}_l^{|m|}(\cos\theta)\mathrm{P}_l^{|m|}(\cos\theta_s) \tag{4-178a}$$

$$B_l(kr)=\mathrm{i}^l(2l+1)[\mathrm{j}_l(kr)+A_l\mathrm{h}_l(kr)] \tag{4-178b}$$

可以看出，m 取正值和负值时系数项 C_m 的值相等，即 $C_{+|m|}=C_{-|m|}$，式（4-177）可以写成如下形式：

$$p(\boldsymbol{r},\boldsymbol{k}_s)=\sum_{m=0}^\infty[\cos m(\varphi-\varphi_s)C_m] \tag{4-179}$$

即球形壳体周围的散射声压场可进行三角函数展开，且具有关于水平方位角的对称性。当球壳阻抗无穷大时，壳体成为刚性散射体，声场变为刚性球壳下的声场表达式。

根据欧拉方程，对声压场在球坐标系的三个变量方向求导，可得出球壳外声场的振速分量：

$$u_r(\boldsymbol{r}, \boldsymbol{k}_s) = -\frac{1}{\rho}\int\frac{\partial p(\boldsymbol{r}, \boldsymbol{k}_s)}{\partial r}\mathrm{d}t = \frac{-1}{\mathrm{i}\rho\omega}\sum_{m=-\infty}^{+\infty}\mathrm{e}^{\mathrm{i}m(\varphi-\varphi_s)}\frac{\partial C_m}{\partial r} \tag{4-180a}$$

$$u_\theta(\boldsymbol{r}, \boldsymbol{k}_s) = -\frac{1}{r}\cdot\frac{1}{\rho}\int\frac{\partial p(\boldsymbol{r}, \boldsymbol{k}_s)}{\partial\theta}\mathrm{d}t = \frac{-1}{\mathrm{i}\rho\omega}\cdot\frac{1}{r}\sum_{m=-\infty}^{+\infty}\mathrm{e}^{\mathrm{i}m(\varphi-\varphi_s)}\frac{\partial C_m}{\partial\theta} \tag{4-180b}$$

$$u_\varphi(\boldsymbol{r}, \boldsymbol{k}_s) = -\frac{1}{r\sin\theta}\cdot\frac{1}{\rho}\int\frac{\partial p(\boldsymbol{r}, \boldsymbol{k}_s)}{\partial\varphi}\mathrm{d}t = \frac{-1}{\rho\omega}\cdot\frac{1}{r\sin\theta}\sum_{m=-\infty}^{+\infty}\mathrm{e}^{\mathrm{i}m(\varphi-\varphi_s)}C_m\cdot m \tag{4-180c}$$

式中

$$\frac{\partial C_m}{\partial r} = \sum_{l=|m|}^{\infty}\frac{\partial B_l(kr)}{\partial r}\frac{(l-|m|)!}{(l+|m|)!}\mathrm{P}_l^{|m|}(\cos\theta_s)\mathrm{P}_l^{|m|}(\cos\theta) \tag{4-181a}$$

$$\frac{\partial C_m}{\partial\theta} = \sum_{l=|m|}^{\infty}B_l(kr)\frac{(l-|m|)!}{(l+|m|)!}\mathrm{P}_l^{|m|}(\cos\theta_s)\frac{\partial\mathrm{P}_l^{|m|}(\cos\theta)}{\partial\theta} \tag{4-181b}$$

令

$$\frac{-1}{\mathrm{i}\rho\omega}\frac{\partial C_m}{\partial r} = C_{m\_r}\;, \quad \frac{-1}{\mathrm{i}\rho\omega}\cdot\frac{1}{r}\frac{\partial C_m}{\partial\theta} = C_{m\_\theta}\;, \quad \frac{-1}{\rho\omega}\cdot\frac{1}{r\sin\theta}C_m\cdot m = C_{m\_\varphi}$$

可知，对于 m 取正值和负值的情况，其系数项之间的关系满足关系式：

$$C_{+|m|\_r} = C_{-|m|\_r}\;, \quad C_{+|m|\_\theta} = C_{-|m|\_\theta}\;, \quad C_{+|m|\_\varphi} = C_{-|m|\_\varphi}$$

根据球坐标系与直角坐标系之间的转换关系：

$$\boldsymbol{T}_{\mathrm{sph}}(\boldsymbol{r}) = \begin{bmatrix}\sin\theta\cos\varphi & \cos\theta\cos\varphi & -\sin\varphi\\ \sin\theta\sin\varphi & \cos\theta\sin\varphi & \cos\varphi\end{bmatrix} \tag{4-182}$$

可得

$$\begin{bmatrix}u_x(\boldsymbol{r})\\ u_y(\boldsymbol{r})\end{bmatrix} = \boldsymbol{T}(\boldsymbol{r})\begin{bmatrix}u_r(\boldsymbol{r})\\ u_\theta(\boldsymbol{r})\\ u_\varphi(\boldsymbol{r})\end{bmatrix} = \begin{bmatrix}\displaystyle\sum_{m=-\infty}^{+\infty}C_{m\_x}\mathrm{e}^{\mathrm{i}m(\varphi-\varphi_s)}\\ \displaystyle\sum_{m=-\infty}^{+\infty}C_{m\_y}\mathrm{e}^{\mathrm{i}m(\varphi-\varphi_s)}\end{bmatrix} \tag{4-183}$$

式中

$$\begin{bmatrix}C_{m\_x}\\ C_{m\_y}\end{bmatrix} = \boldsymbol{T}(\boldsymbol{r})\begin{bmatrix}C_{m\_r}\\ C_{m\_\theta}\\ C_{m\_\varphi}\end{bmatrix} \tag{4-184}$$

即矢量通道关于方位角仍是傅里叶级数表示的形式。与声压通道不同的是，由于 C_{m_φ} 的影响，式（4-184）中 C_{m_x} 项和 C_{m_y} 项在 m 取正（ $C_{+|m|\_x}$ ）和取负（ $C_{-|m|\_x}$ ）时的值不一定相等，因此矢量通道的表达式不具有偶对称的形式。矢量传感器接收信号将影响组合后的阵列输出特性，后面内容将进一步分析 $C_{+|m|\_x}$ 与 $C_{-|m|\_x}$ 之间的关系。

2）薄圆板周围的散射场模型

小尺寸基阵在工作时需要对基元进行安装固定。对于平面阵列，一种较方便的方式是安装在刚硬平板上，此时，平板作为反声障板，同样将对周围声场产生影响。Kirchhoff 积分公式是一种针对波动方程的严格求解，它本身即包含了对近场效应的描写，可利用障碍物周围的 Kirchhoff 积分公式对薄圆板周围的声场进行分析。

障碍物近区的散射声场可以写成如下形式：

$$\varPhi(P) = \varPhi_i(P) - \varPhi_r(P) + \frac{1}{4\pi} \oint_\Gamma \boldsymbol{a} \cdot \mathrm{d}\boldsymbol{s} = \varTheta \varPhi_i(P) + \frac{1}{4\pi} \oint_\Gamma \boldsymbol{m} \cdot \mathrm{d}\boldsymbol{s} \tag{4-185}$$

式中，$\varTheta = 1 - V_r$，V_r 为反射系数。式（4-185）中等式右侧第二项（积分项）利用了 Maggi 变换，它表示面积分可以变换为沿分界线 Γ 上的线积分：

$$\iint_\sigma \boldsymbol{M} \cdot \mathrm{d}\boldsymbol{\sigma} = \oint_\Gamma \boldsymbol{m} \cdot \mathrm{d}\boldsymbol{s} \tag{4-186}$$

式中

$$\boldsymbol{M} = \frac{\mathrm{e}^{\mathrm{i}kr}}{r} \nabla \phi - \phi \nabla \left(\frac{\mathrm{e}^{\mathrm{i}kr}}{r} \right), \quad \boldsymbol{m} = \frac{\mathrm{e}^{\mathrm{i}k(\rho_1 + r_1)}}{\rho_1 r_1} \frac{\boldsymbol{\rho}_1 \times \boldsymbol{r}_1}{\rho_1 r_1 + \boldsymbol{\rho}_1 \cdot \boldsymbol{r}_1} \tag{4-187}$$

其中，$\boldsymbol{\rho}_1$ 为声源到表面上任一点之间的矢量；$\boldsymbol{r}_1$ 为接收点与表面上任一点之间的矢量。如图4-62所示，令直角坐标系原点与圆板中心重合，圆板半径为 a，圆板平面平行于 $z = 0$ 的平面。声源和接收点的坐标分别为 $\boldsymbol{O}_0\boldsymbol{Q} = (-x_0 \cos\theta_0, 0, x_0 \sin\theta_0)$，$\boldsymbol{O}_0\boldsymbol{P} = (x, y, h)$。在圆板平面内选用极坐标，则边缘任一弧元的坐标 $\mathrm{d}\boldsymbol{s} = (-a\,\mathrm{d}\varphi \sin\varphi$ $a\,\mathrm{d}\varphi \cos\varphi, 0)$，$\boldsymbol{\rho}_1$ 和 $\boldsymbol{r}_1$ 分别为

$$\boldsymbol{\rho}_1 = (a\cos\varphi + x_0 \cos\theta_0, a\sin\varphi, -x_0 \sin\theta_0) \tag{4-188a}$$

$$\boldsymbol{r}_1 = (a\cos\varphi - x, a\sin\varphi - y, -h) \tag{4-188b}$$

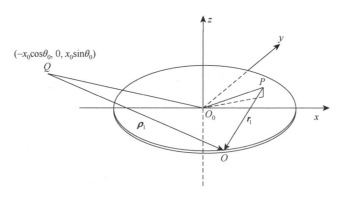

图 4-62　圆板结构示意图

模值分别为

$$\rho_1 = (a^2 + x_0^2 + 2ax_0 \cos\theta_0 \cos\varphi)^{1/2} \tag{4-189a}$$

$$r_1 = [a^2 + x^2 + y^2 + h^2 - 2a(x\cos\varphi + y\sin\varphi)]^{1/2} \tag{4-189b}$$

利用矢量之间的点乘和叉乘关系有

$$\boldsymbol{\rho}_1 \cdot \boldsymbol{r}_1 = a^2 - a(x - x_0 \cos\theta_0)\cos\varphi - ay\sin\varphi + x_0 \sin\theta_0 h \tag{4-190a}$$

$$(\boldsymbol{\rho}_1 \times \boldsymbol{r}_1)\mathrm{d}s = [a^2(h - x_0 \sin\theta_0) + a\cos\varphi x_0(x\sin\theta_0 + h\cos\theta_0) + ay\sin\varphi x_0 \sin\theta_0]\mathrm{d}\varphi \tag{4-190b}$$

在符合实际、应用合理的条件下，对散射体与声场模型作以下假设：

（1）圆板的厚度与直径相比很小，而圆板直径与工作频率下的波长相比同样很小；

（2）声源到阵列的距离远大于圆板的最大尺寸；

（3）入射声波几乎从水平面内入射，因此声波掠射角很小。

以上假设确定了几个近似条件，其中（1）给出低频近似的前提，而（2）和（3）则说明在式（4-189）中 $x_0 \gg a, x, y, h$；$\theta_0 \approx 0°$。由此式（4-189）及式（4-190）可化简为

$$\rho_1 \approx x_0 \tag{4-191a}$$

$$r_1 \approx R\left[1 - \frac{a(x\cos\varphi + y\sin\varphi)}{R^2}\right], \quad R = (a^2 + x^2 + y^2 + h^2)^{1/2} \tag{4-191b}$$

$$\boldsymbol{\rho}_1 \cdot \boldsymbol{r}_1 \approx x_0(a\cos\theta_0 \cos\varphi + \sin\theta_0 h) \tag{4-191c}$$

$$(\boldsymbol{\rho}_1 \times \boldsymbol{r}_1)\mathrm{d}s \approx x_0[-a^2 \sin\theta_0 + a\cos\varphi(x\sin\theta_0 + h\cos\theta_0) + ay\sin\varphi \sin\theta_0]\mathrm{d}\varphi \tag{4-191d}$$

式（4-191b）的近似式适用于 $x, y \ll \dfrac{R}{a}\left(\dfrac{R\lambda}{2}\right)^{1/2}$ 的情况，这里 $\left(\dfrac{R\lambda}{2}\right)^{1/2}$ 近似为第一 Fresnel 半波带的半径，在低频近似假设下本项成立。将式（4-181）代入式（4-185）中，可以求得散射场的表达式为

$$\Phi(P) = \Theta\Phi_i(P) + \frac{\mathrm{e}^{ikx_0}}{x_0} \frac{a^2 \mathrm{e}^{ikR}}{R^2\left(1 + \dfrac{h}{R}\sin\theta_0\right)}$$

$$\cdot \left\{\sin\theta_0\left[\mathrm{J}_0\left(\frac{kax}{R}\right) + \mathrm{J}_0\left(\frac{kay}{R}\right)\right] + \frac{x\sin\theta_0 + h\cos\theta_0}{a}\mathrm{i}\mathrm{J}_1\left(\frac{kax}{R}\right) + \frac{y}{a}\sin\theta_0\mathrm{i}\mathrm{J}_1\left(\frac{kay}{R}\right)\right\} \tag{4-192}$$

考虑到贝塞尔函数的性质，由于 $\dfrac{kax}{R}$、$\dfrac{kay}{R}$ 的值较小，式（4-192）大括号中第二项和第三项可以忽略，零阶贝塞尔函数起主要作用。对式（4-192）进一步分析可以得出以下结论：

（1）由于障板尺度很小，在障板中心位置周围，散射场能量分布不会出现条纹状的周期起伏，而是单调变化，且散射场具有柱对称的形式。

（2）散射场的强度与基元距圆板的距离 h 有关，h 越大，散射强度越小，因此在安装时基元应尽可能远离障板表面。需要注意的是，除了近似式（4-191b）的适用性问题，由于棱角波的存在，圆板边界处的声场可能有较大起伏，因此在设计与安装时应尽量避免这些位置。

（3）在所考虑的入射角范围内，散射场随掠射角度变化缓慢，因此低频工作条件下，可认为散射场近似保持不变。

3）任意柱对称散射体周围的散射场模型

对于更广泛情况的水下自容式应用系统来说，球形腔体和薄圆板将同时存在，如图 4-63 所示。其中球形腔体用于放置电路等其他设备，薄圆板用于固定基阵，基阵和球形腔位于圆板的两个不同面。此时基阵的接收声场是球形壳体和薄圆板共同作用的结果。

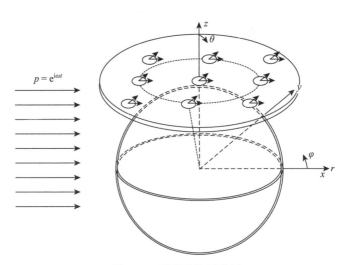

图 4-63　系统结构示意图

在圆板所形成的界面远大于球形壳体时，可将总声场分为四项：入射场、界面的反射场、球体（椭球体）引起的散射场，以及球体在界面另一侧的镜像虚源产生的散射场。将各类波场势函数在球坐标系下展开：

$$p^I(r,k_s) = \sum_{l=0,m=0}^{\infty,m=l} A_{ml}^I E_{ml}(r^I,r_s) P_m^l(\theta^I,\theta_s) \cos l(\varphi-\varphi_s), \quad I=1,2,3,4 \quad (4\text{-}193)$$

对于入射场，$E_{ml}(kr)$ 为球贝塞尔函数 $j_n(kr)$；而对于散射场，$E_{ml}(kr)$ 为球汉克尔函数 $h_l(kr)$。根据声波反射时的角度关系、虚源的位置关系以及边界条件，可以求取相应球函数的系数值并由此得到总声场的解析表达式。

当圆板尺寸与球形壳体可类比时，由于结构复杂，难以解析求解。考虑到低频工作的优势，可用有限元方法进行数值计算，观察周围声场的变化规律。现分析某一典型配置下周围声场的变化情况。仿真条件为：板直径 1.1m，厚 20mm；球壳外径 0.7m，壁厚 5mm；板几何中心与球心间距 0.5m，传感器所在平面距球心0.65m。整个系统位于水介质中，水的密度为 $\rho = 1000\text{kg/m}^3$，水中声速为 $c = 1500\text{m/s}$，入射声波频率为 200Hz，幅值为 1Pa，从 y 方向入射。边界条件为自由场辐射边界。由欧拉方程可知，质点振速幅值为 $1/(\rho c) = 6.7 \times 10^{-7}\text{m/s}$。

图 4-64 给出入射声压与质点振速场情况以作参考，其空间各点处的幅值相同，与设定值一致。而不同掠射角情况下，基阵所在平面上散射声压场的分布情况见图 4-65。可以看出，散射声压场的整体幅度很小，最大起伏量不超过入射声压场的 1.5%；而声源入射俯仰角在 ±10° 内的强度变化差别更小。

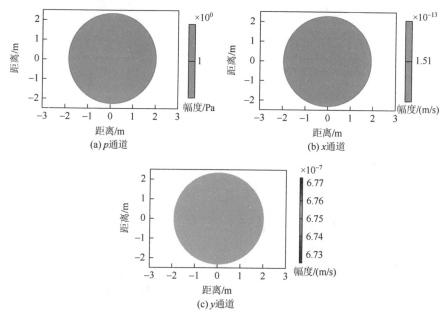

图 4-64　入射声压与质点振速场

图 4-66 和图 4-67 分别给出了声质点振速在 x 方向和 y 方向分量的总场。可以出，散射矢量场与入射矢量场幅度基本相同，质点振动方向基本一致；x 方向y 方向振速散射场的幅度均很小，不超过入射场幅度的 3.7%，说明平台散射对点振速的影响同样很小。另外可知，质点振速在掠射角 ±10° 内基本无差别。

根据声传播理论，远场声波入射时，大掠射角声波分量的衰减很快，难以到接收器，基阵接收声波的掠射角基本在 10° 以内。因此可忽略声场随声波掠射的变化，将声场表达式中关于俯仰角的量定为常数。

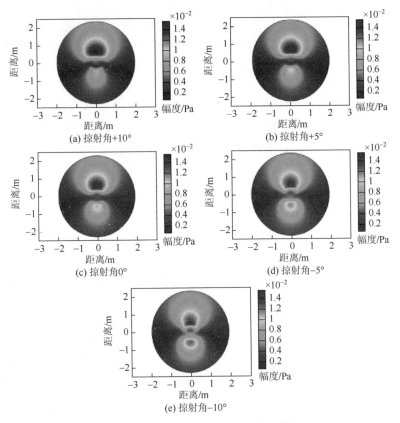

图 4-65　散射声压场（彩图扫封底二维码）

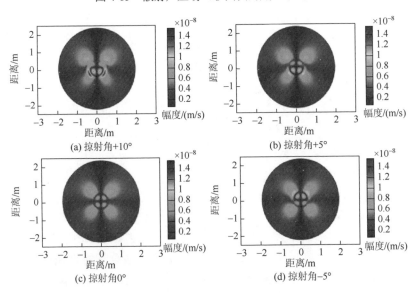

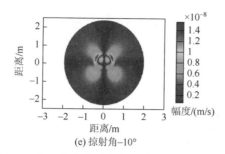

图 4-66　x 方向质点振速总场（彩图扫封底二维码）

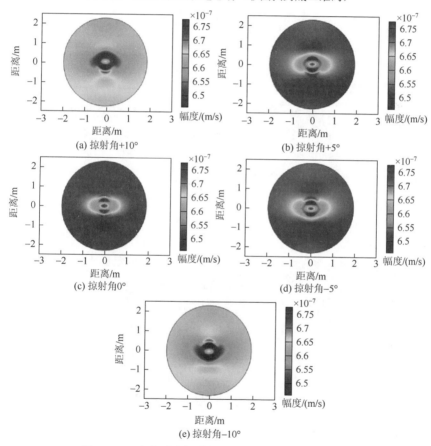

图 4-67　y 方向质点振速总场（彩图扫封底二维码）

　　低频时散射场基本与散射体形状无关，只要散射体关于 z 轴是柱对称的，则基阵所在平面内，其接收声场对于入射方位角将具有式（4-177）的形式，其结对椭球，甚至短圆柱等散射体同样适用，只是其各阶展开项的系数 C_m 可能会根据散射体形状和材料参数而变化。综合式（4-177）与式（4-183）可知，在任何对称散射体周围，J 个基元共 N 个通道组成的接收信号导向矢量可以表示为

$$\boldsymbol{v}(\varphi_s) = [v_1(\varphi_s), \cdots, v_N(\varphi_s)]^{\mathrm{T}} \tag{4-194a}$$

$$v_n(\varphi_s) = \sum_{m=-\infty}^{+\infty} \mathrm{e}^{\mathrm{i}m(\varphi_n-\varphi_s)} C_{m\_n} = \sum_{m=-\infty}^{+\infty} \mathrm{e}^{\mathrm{i}m\varphi_s} D_{m\_n}, \quad n=1,2,\cdots,N \tag{4-194b}$$

$$D_{m\_n} = \mathrm{e}^{\mathrm{i}m\varphi_n} C_{m\_n} \tag{4-194c}$$

实际应用中为了满足各方面的需求，基阵载体形状复杂，不能直接获得展开系数的理论值。可以通过实验测量手段，获得各展开系数的估计量。

2. 散射体影响下的小尺寸矢量阵校准技术

小尺寸矢量阵的整体输出是关于入射方位角的实函数，而由前面分析可知矢量通道不满足此条件，需先对散射体周围矢量通道的接收信号特性进行分析，再给出相应的校准技术。

1）矢量声场特性分析

以球形壳体周围的矢量通道接收信号为例，将 4.3.2 节中 C_m 的偏导项的系数在 m 取正值和负值时的关系重新写出如下：

$$C_{+|m|\_r} = C_{-|m|\_r}, \quad C_{+|m|\_\theta} = C_{-|m|\_\theta}, \quad C_{+|m|\_\varphi} = -C_{-|m|\_\varphi} \tag{4-195}$$

将其代入式（4-184），并以 x 通道为例，有

$$C_{+|m|\_x} = (\sin\theta\cos\varphi\, C_{+|m|\_r} + \cos\theta\cos\varphi\, C_{+|m|\_\theta} - \sin\varphi\, C_{+|m|\_\varphi}) \tag{4-196a}$$

$$C_{-|m|\_x} = (\sin\theta\cos\varphi\, C_{+|m|\_r} + \cos\theta\cos\varphi\, C_{+|m|\_\theta} + \sin\varphi\, C_{+|m|\_\varphi}) \tag{4-196b}$$

式中，$\varphi \neq n\pi, n = 0, \pm1, \pm2, \cdots$ 时，$C_{+|m|\_x} \neq C_{-|m|\_x}$。即当接收基元所在位置处的方位角不等于 π 的整数倍时，基元矢量通道的接收信号对于方位角是不对称的。式（4-196）显示了散射影响下矢量通道与声压通道之间的本质不同，即在非赤道上分布的矢量基元，其水平方向上矢量通道的指向性将既不是偶对称形式，也不是奇对称形式，而呈现出复杂的非对称形式，图 4-68 中给出了球形障板条件下非赤道上基元

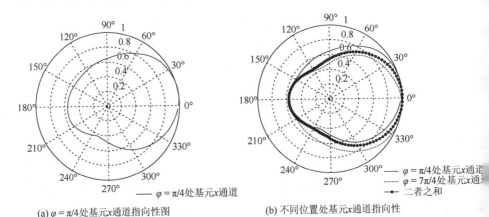

(a) $\varphi = \pi/4$ 处基元 x 通道指向性图　　　(b) 不同位置处基元 x 通道指向性

图 4-68　球形障板散射时非赤道上矢量基元指向性（俯仰角 $\theta = \pi/4$）

的矢量通道水平指向性图。矢量通道接收信号的非对称性将影响波束输出结果，关系到最终输出是否是实函数。

本情形下，根据基阵的对称性，分析其对称位置 $\boldsymbol{r}' = (r, \theta, 2\pi - \varphi)$ 处的矢量接收信号：

$$u_x(\boldsymbol{r}', \boldsymbol{k}_s) = \sum_{m=-\infty}^{+\infty} \mathrm{e}^{\mathrm{i}m(2\pi-\varphi-\varphi_s)} C_{m\_x'}, \quad u_y(\boldsymbol{r}', \boldsymbol{k}_s) = \sum_{m=-\infty}^{+\infty} \mathrm{e}^{\mathrm{i}m(2\pi-\varphi-\varphi_s)} C_{m\_y'} \quad (4\text{-}197)$$

仍以 x 通道为例，令 $D_{m\_x'} = \mathrm{e}^{\mathrm{i}m(2\pi-\varphi)} C_{m\_x'}$，在 m 取正值和负值时分别有

$$\begin{aligned} D_{+|m|\_x'} &= (\sin\theta\cos(2\pi-\varphi) C_{+|m|\_r} + \cos\theta\cos(2\pi-\varphi) C_{+|m|\_\theta} - \sin(2\pi-\varphi) C_{+|m|\_\varphi}) \mathrm{e}^{+\mathrm{i}|m|(2\pi-\varphi)} \\ &= (\sin\theta\cos\varphi C_{+|m|\_r} + \cos\theta\cos\varphi C_{+|m|\_\theta} + \sin\varphi C_{+|m|\_\varphi}) \mathrm{e}^{-\mathrm{i}|m|\varphi} \\ &= C_{-|m|\_x} \mathrm{e}^{-\mathrm{i}|m|\varphi} \end{aligned} \quad (4\text{-}198\mathrm{a})$$

$$\begin{aligned} D_{-|m|\_x'} &= (\sin\theta\cos(2\pi-\varphi) C_{-|m|\_r} + \cos\theta\cos(2\pi-\varphi) C_{-|m|\_\theta} - \sin(2\pi-\varphi) C_{-|m|\_\varphi}) \mathrm{e}^{-\mathrm{i}|m|(2\pi-\varphi)} \\ &= (\sin\theta\cos\varphi C_{+|m|\_r} + \cos\theta\cos\varphi C_{+|m|\_\theta} - \sin\varphi C_{+|m|\_\varphi}) \mathrm{e}^{\mathrm{i}|m|\varphi} \\ &= C_{+|m|\_x} \mathrm{e}^{\mathrm{i}|m|\varphi} \end{aligned} \quad (4\text{-}198\mathrm{b})$$

可见，对称位置处的两个 x 方向矢量通道信号的和为

$$u_x(\boldsymbol{r}, \boldsymbol{k}_s) + u_x(\boldsymbol{r}', \boldsymbol{k}_s) = \sum_{m=-\infty}^{+\infty} \mathrm{e}^{-\mathrm{i}m\varphi_s} (D_{m\_x} + D_{m\_x'}) \quad (4\text{-}199)$$

式中，m 取正值和负值时的分量分别为

$$D_{+|m|\_x} + D_{+|m|\_x'} = (C_{+|m|\_x} \mathrm{e}^{\mathrm{i}|m|\varphi} + C_{-|m|\_x} \mathrm{e}^{-\mathrm{i}|m|\varphi}) \quad (4\text{-}200\mathrm{a})$$

$$D_{-|m|\_x} + D_{-|m|\_x'} = (C_{-|m|\_x} \mathrm{e}^{-\mathrm{i}|m|\varphi} + C_{+|m|\_x} \mathrm{e}^{\mathrm{i}|m|\varphi}) \quad (4\text{-}200\mathrm{b})$$

二者相等，即对称位置处的两个 x 方向矢量通道的和将具有 $\cos(m\varphi_s)$ 的形式 [见图 4-68（b）中圆点标记的黑色曲线]。对 y 通道进行相同分析可知，对称位置处的两个 y 方向矢量通道的和将具有 $\sin(m\varphi_s)$ 的形式。得出此结论的相关分析过程只利用了两基元之间的空间位置关系，即只要基阵结构对称，基阵周围散射体的形状对称，两对称位置或更多对称位置处的接收信号相加将具有三角函数叠加的形式。

2）散射体影响下的小尺寸矢量阵校准方法

基阵周围存在散射体时，其信号模型见前面小节分析。对比式（4-194b）与式（4-130a）可以发现，虽然其系数形式略有不同，但都可表示为级数项求和的形式。由此，小尺寸矢量阵的校准过程即是求解各基元加权系数的过程。

将各基元加权系数表示为

$$\ddot{\boldsymbol{W}}(\omega) = [\ddot{w}_1(\omega), \ \ddot{w}_2(\omega), \cdots, \ \ddot{w}_N(\omega)]^{\mathrm{T}} \quad (4\text{-}201)$$

将式（4-194）中的信号表达式代入式（4-131）中，交换求和顺序，并将阶数限定到前 M 阶，可得

$$B(\ddot{W}(\omega)) = \sum_{n=1}^{N} \ddot{w}_n(\omega) \sum_{m=-M}^{M} D_{m\_n} e^{-im\varphi_s}$$

$$= \sum_{m=-M}^{M} e^{-im\varphi_s} \sum_{n=1}^{N} D_{m\_n} \ddot{w}_n(\omega) \qquad (4\text{-}202)$$

令

$$\ddot{\psi}_m = [D_{m\_1}, \cdots, D_{m\_2}, \cdots, D_{m\_N}] \qquad (4\text{-}203)$$

可得内部求和项的矩阵形式为

$$\sum_{n=1}^{N} D_{m\_n} \ddot{w}_n(\omega) = \ddot{\psi}_m \ddot{W}(\omega) \qquad (4\text{-}204)$$

保持期望波束的输出形式不变，即期望波束仍为式（4-128）形式，并令散射情况下的基阵波束输出与期望值相等，可得

$$\ddot{\Psi} \ddot{W}(\omega) = [b\gamma(\vartheta)] \qquad (4\text{-}205a)$$

$$\ddot{\Psi} = [\ddot{\psi}_{-M}, \cdots, \ddot{\psi}_0, \cdots, \ddot{\psi}_M]^T \qquad (4\text{-}205b)$$

式中，$\ddot{\Psi}$ 仍保持满秩，因此可以对其求取广义逆矩阵：

$$\ddot{W}(\omega) = \ddot{\Psi}^H (\ddot{\Psi}\ddot{\Psi}^H)^{-1} [b\gamma(\vartheta)] \qquad (4\text{-}206)$$

散射情况下的波束形成器与无散射时的区别在于，加权矢量中表达式更为复杂，其参数中不仅包含了关于入射信息的特征函数，也包含了关于散射量的特征函数。

3）算法稳健性分析

基阵周围存在散射体时，波束形成器中加权矢量的表达式见式（4-206），将其代入白噪声增益的表达式中，有

$$\text{WNG} = 10\lg \frac{|W^H(\omega)v(\omega,\varphi_s)|^2\big|_{\vartheta=\varphi_s}}{[b\gamma(\vartheta)]^H(\ddot{\Psi}\ddot{\Psi}^H)^{-1}[b\gamma(\vartheta)]} \qquad (4\text{-}207)$$

以具有如下系数形式的波束为例定性地讨论矢量传感器以及障板在白噪声增益方面的影响：

$$b_N = \frac{1}{2N+1}[1,\cdots,1]^T_{2N+1} \qquad (4\text{-}208)$$

讨论过程中以圆环阵为例，而对于其他具有对称性的更复杂阵型，可将其看作多个圆环阵的组合。将式（4-194c）及式（4-203）代入式（4-205b），有

$$\ddot{\Psi} = F \circ C \qquad (4\text{-}209$$

$$
\boldsymbol{F} = \begin{bmatrix} e^{-iM\varphi_1} & \cdots & e^{-iM\varphi_n} & \cdots & e^{-iM\varphi_N} \\ \vdots & \ddots & & & \vdots \\ e^{im\varphi_1} & \cdots & e^{im\varphi_n} & \cdots & e^{im\varphi_N} \\ \vdots & & & \ddots & \vdots \\ e^{iM\varphi_1} & \cdots & e^{iM\varphi_n} & \cdots & e^{iM\varphi_N} \end{bmatrix}, \quad \boldsymbol{C} = \begin{bmatrix} C_{-M\_1} & \cdots & C_{-M\_n} & \cdots & C_{-M\_N} \\ \vdots & \ddots & & & \vdots \\ C_{m\_1} & \cdots & C_{m\_n} & \cdots & C_{m\_N} \\ \vdots & & & \ddots & \vdots \\ C_{M\_1} & \cdots & C_{M\_n} & \cdots & C_{M\_N} \end{bmatrix}
$$

式中，符号。表示 Hadamard 积。则矩阵 $\boldsymbol{\Psi}\boldsymbol{\Psi}^{\mathrm{H}}$ 中 (ε,ρ) 位置处的元素为

$$
\boldsymbol{\Psi}\boldsymbol{\Psi}^{\mathrm{H}}_{(\varepsilon,\rho)} = \sum_{n=1}^{N} C_{\varepsilon\_n} C_{\rho\_n}^* e^{i(\varepsilon-\rho)\varphi_n} \tag{4-210}
$$

以声压传感器阵为例，分析散射体对阵列稳健性的影响。由于在圆环上除方位角以外的另外两个参数 r、θ 的取值相同，因此声压圆环阵的接收信号表达式中不同通道的系数取值 C_{m_n}，$n=1,2,\cdots,N$ 相等，有

$$
\boldsymbol{\Psi}\boldsymbol{\Psi}^{\mathrm{H}}_{(\varepsilon,\rho)} = C_{\varepsilon\_n} C_{\rho\_n}^* \sum_{n=1}^{N} e^{i(\varepsilon-\rho)\varphi_n} \tag{4-211}
$$

式（4-211）只在 ε 与 ρ 相等时有值，即 $\boldsymbol{\Psi}\boldsymbol{\Psi}^{\mathrm{H}}$ 为对角阵。忽略 C_{ε_n} 中关于俯仰角的常数项 $P_l^m(\theta,\theta_s)$，将其简写为关于径向函数的量 $C_{\varepsilon\_n} = E_\varepsilon(r)$，有

$$
(\boldsymbol{\Psi}\boldsymbol{\Psi}^{\mathrm{H}})^{-1} = \frac{1}{N} \mathrm{diag}\{E_{-M}^2(r),\cdots,E_0^2(r),\cdots,E_M^2(r)\} \tag{4-212}
$$

将其代入白噪声增益计算公式（4-207），得

$$
\mathrm{WNG} = 10\lg \frac{N}{\displaystyle\sum_{m=-M}^{M} b_m^2 E_m^{-2}(r,r_s)} \tag{4-213}
$$

此式与式（4-139）具有相同形式，因此关于式（4-139）的结论对有散射体情况同样适用。区别在于，有散射体存在时，$E_m(r)$ 是与入射有关的特征函数 $E_m^{(in)}(r)$ 和与散射有关的特征函数 $E_m^{(s)}(r)$ 的组合，从而使 WNG 的分母表达式中结合了不同的特征函数。而不同特征函数的零点通常位于不同的位置，因此其组合可以将零点去掉，从而弥合某些频点稳健性能严重降低的缺点，拓宽其工作频带。

根据以上理论分析，对白噪声增益进行仿真计算，并由图 4-69 给出二阶波束情况下的对比图。针对球形和圆柱形两种散射体进行分析，仿真条件为：设圆柱形散射体和球形散射体的半径均为 0.3m，圆环阵的半径为 0.4m；对于球形散射体，基元所在平面距球心垂直距离为 0.35m，即基元俯仰角为 48.8°；而对于圆柱形散射体，基元位于圆柱中心位置周围；障板边界条件设定为声透明、绝对软和绝对硬三种情况。球形散射体下的结果如图 4-69（a）所示，而圆柱形散射体下的结果见图 4-69（b）。

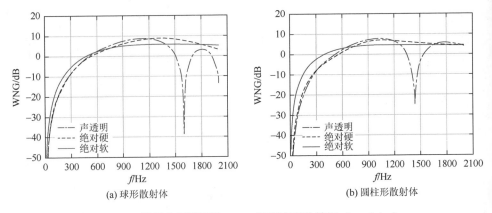

(a) 球形散射体　　　　　　　　　(b) 圆柱形散射体

图 4-69　散射体周围基阵 WNG 随频率变化情况（$r = 0.4$m）

从图 4-69 中可以看出，声透明情况下存在白噪声增益严重下降的凹点，而散射体的存在可消除凹点，展宽频带。另外，低频部分在软边界情况下的白噪声增益高，而硬边界情况下的白噪声增益与声透明情况类似。刚性边界下，散射波与入射声波没有明显的反相关系，且低频时散射波幅度较小，对叠加后形成的总声场影响也较小，接近于声透明情况。水下应用环境中边界通常为弹性阻抗型边界，效果介于绝对软和绝对硬之间。

然后分析波束形成的阶数对阵列稳健性的影响。以上面仿真中球形软边界与圆柱形软边界散射体周围的 12 元圆环矢量阵为例，其白噪声增益随波束阶数的变化情况如图 4-70 所示。

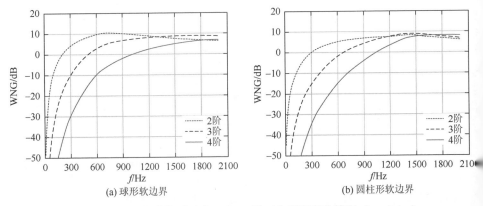

(a) 球形软边界　　　　　　　　　(b) 圆柱形软边界

图 4-70　波束图阶数不同时，WNG 随工作频率变化情况（$r = 0.4$m）

对于不同类型障板影响下的矢量阵，在低频段，阶数越高，其白噪声增益越低，其中，2 阶波束较稳健，3 阶波束基本符合需要，而 4 阶波束稳健性很差，在频率小于 600Hz 的参数设定下难以实现。

4.3.5　系统校准方法实验验证

本节对小尺寸矢量水听器阵特性参数进行实验测量，重点观测不同工作环境下的近场效应与结构散射情况，验证校准模型的合理性。

1. 小尺寸矢量阵水池校准模型验证

依据图 4-59 所示几何结构，基于同振式二维矢量传感器与多极子理论，制作五元矢量阵，在不加电子仓或附加载体的情况下进行测试，实物图如图 4-71 所示。

实验测量环境为 $25m \times 15m \times 10m$ 的消声水池，基阵悬挂于水池中央且在水平面内进行全方位旋转，测量间隔 10°，共测量 $Q = 37$ 个方位角度。

图 4-71　小尺寸矢量阵实物图

1）单基元幅相特性

在验证基元间互散射影响时，不断增加基元个数，观察其对某基元测量结果的影响。具体步骤为：①安装 1#基元，以 0#基元为轴心旋转基阵，记录每个角度上的测量数据；②保持 1#基元不动，增加 3#基元，重复上述测量；③保持 1#、3#基元不动，增加 2#、4#基元，重复上述测量；④安装全部基元，重复上述测量。测得 1#基元幅相特性分别如图 4-72 和图 4-73 所示。

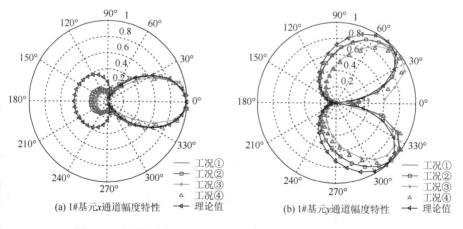

(a) 1#基元x通道幅度特性　　　　　(b) 1#基元y通道幅度特性

图 4-72　四种不同工况下 1#基元矢量通道幅度特性测量结果

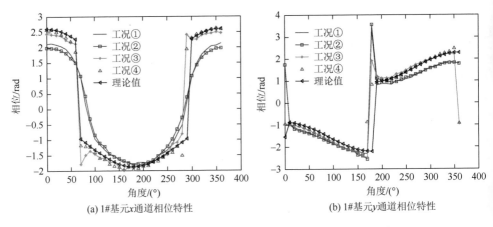

(a) 1#基元x通道相位特性

(b) 1#基元y通道相位特性

图 4-73　四种不同工况下 1#基元矢量通道相位特性测量结果

根据图 4-72 和图 4-73 所示，各工况下测量结果几乎一致，相互间差别主要是暂态段信号较低信噪比所引入的。基元由于暂态近场效应，所测指向性与矢量基元的"8"字形指向性不符；而基元 x 通道指向性的 180°方位上测量值均小于计算值的情况也反映出近声源端信号能量大而远声源端信号能量小等问题。

利用测量数据，分析 1#x 与 3#x 通道的复响应及 2#x 与 4#x 通道的复响应，通过水池中实测的各基元复响应情况评估基元互散射和结构散射的影响。其对比结果如图 4-74 所示。

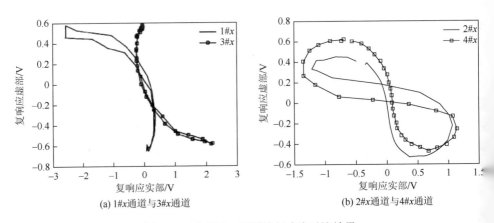

(a) 1#x通道与3#x通道

(b) 2#x通道与4#x通道

图 4-74　各基元 x 通道的复响应对比结果

各通道间仅相差一定角度的旋转，即相差一个复常数。观察 1#x 与 3#x 通道的幅度与相位随 $\cos\theta$ 的变化情况，其结果如图 4-75 和图 4-76 所示。

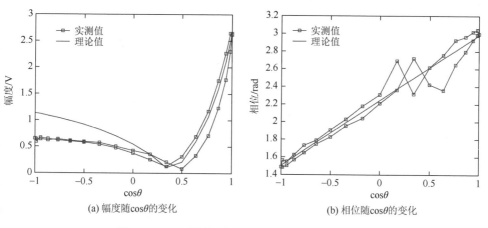

(a) 幅度随cosθ的变化　　　　　　　　(b) 相位随cosθ的变化

图 4-75　1#x 通道幅度和相位随 cosθ 的变化情况

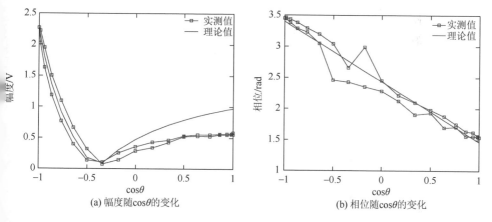

(a) 幅度随cosθ的变化　　　　　　　　(b) 相位随cosθ的变化

图 4-76　3#x 通道幅度和相位随 cosθ 的变化情况

　　1#x 通道与 3#x 通道的幅度与 cosθ 之间不是线性关系，但测量情况与所建模型之间基本一致，以角度标定的远离声源位置处与理论值差距略大，这主要是由位置关系造成的信噪比影响；忽略矢量传感器自身相位跳变角附近的较大误差，相位与 cosθ 间线性关系良好，可拟合成一条直线，其斜率即为 kd 值，常数项即为相应基元的初相。由此可见，基元的实测相位变化规律与自身站位造成的相位变化规律一致，且仅相差一个常数，此常数即是表明基元间的初始相位误差量。

　　选取测量信号为 400Hz 的 CW 脉冲信号，水池实验中一些代表性基元的指向性测量结果如图 4-77 所示。

　　从图 4-77 中可以看出，近场效应下的偏心旋转特性明显存在，除凹点及远离声源一侧略有误差外，测量结果与理论建模值基本相当。

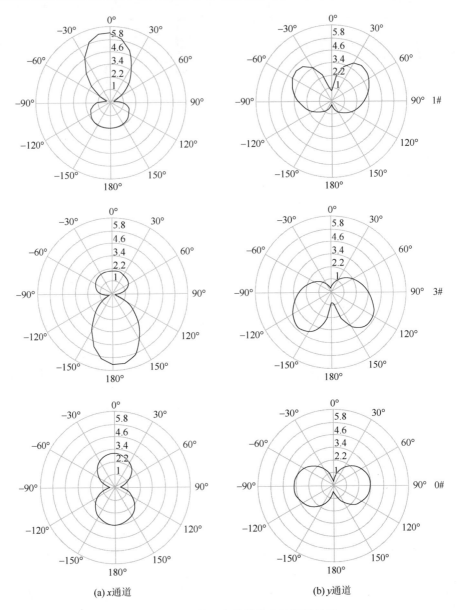

(a) x通道   (b) y通道

图 4-77 不同基元各通道指向性测量结果

2）矢量水听器阵空间指向性

对各基元的实测阵列流形进行校准，可实现高阶输出的空间指向性。对于图 4-71 所示的矢量阵，其 2 阶、3 阶多极子及阵列输出的空间指向性校准前后对比情况见图 4-78 与图 4-79。图中理论空间指向性图是近场模型下的结果，与远场指向性图不同。

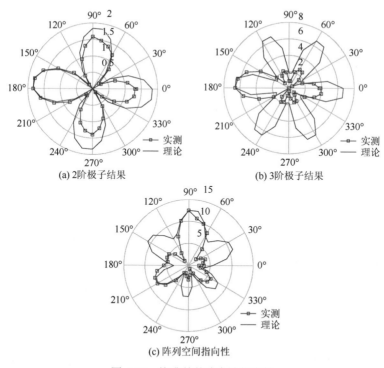

图 4-78　校准前基阵高阶指向性

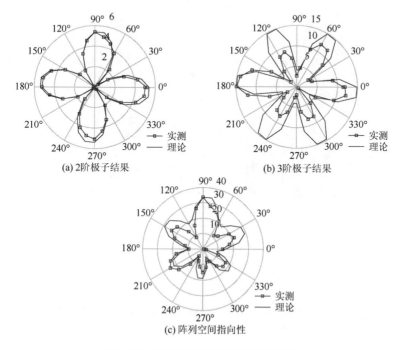

图 4-79　基阵高阶指向性校准后结果

如图 4-79 所示，校准后空间指向性得到改善。图中某些波瓣较小的原因与传感器自身指向性误差及水池测量都有关。只要矢量传感器的实测指向性与理论情况有误差（如图 4-77 中 0#基元 x 通道对 0°和 180°入射信号响应的区别），此误差便会随着多极子阶数的升高不断累积；且阶数越高，误差越明显。受限于测试环境，实验结果只显示了声源近场中的基阵指向性图，但可以合理推论，在远场平面波情况下，影响因素减少，信噪比提高，基阵多极子指向性将与理论情况更加接近。

2. 散射体影响下的小尺寸矢量阵校准方法验证

利用实际制作的小尺寸矢量基阵样机，对散射体影响下的小尺寸矢量阵校准方法进行验证。此样机中，短圆柱形腔放置于基阵下方以安装调理电路等电子设备，圆柱形腔为反声散射体。基阵为五元十字型矢量阵，成品如图 4-80 所示。中心位置处基元定义为 0#基元，周围四个基元按照逆时针方向排序，分别编号为 1#～4#。在成阵之前对基元进行了初步测试及挑选，保持其正常工作且灵敏度响应基本一致。

图 4-80 五元十字型矢量阵

将被测样机在开阔湖上水域进行测试。选择合适的脉冲间隔以确保接收器既能接收到稳定的直达波又能成功隔离多途信号。在接收端，将系统安装在旋转装置上，并在水平面内均匀旋转一圈，记录各入射方位下的接收信号。

0#及 1#、2#基元各通道的实测指向性如图 4-81 所示，每行的三个子图从左至右分别为 x、y、p 通道结果。由于基阵对称性，3#及 4#基元的指向性与 1#及 2#类似。

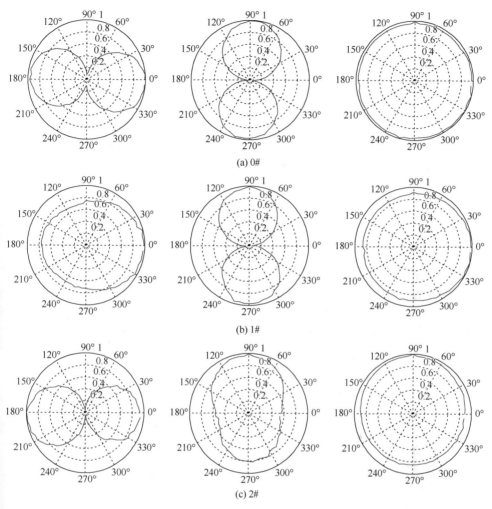

图 4-81 基元实测指向性

    0#基元（中心位置处）声压具有完好的全指向性，矢量通道具有较好的"8"字形指向性；而 1#与 2#基元的声压通道指向性有明显的偏向，且其偏向方位与其所在位置有关，其矢量通道指向性，尤其是径向方向的通道已不再是"8"字形。此基元指向性的变化是结构散射导致的，其中切向方向矢量通道受到结构的影响是对称的，而不位于中心位置的基元，其径向方向矢量通道受到的影响是不对称的，与理论一致。

    以具有式（4-208）中系数形式的 2 阶和 3 阶波束为例，导向角为 90°时波束形成的结果如图 4-82 所示，而导向角为 45°时结果如图 4-83 所示。两幅图中，以方形标志的实线给出本节考虑散射情况下的波束形成算法结果，而不考虑散射时的波束图如三角标记的虚线所示，同时用实线给出理想波束图作为参考。

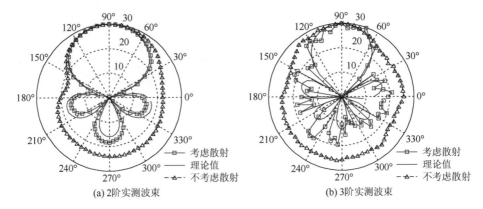

(a) 2阶实测波束　　　　　　　　　　(b) 3阶实测波束

图 4-82　实测波束（导向角为 90°）

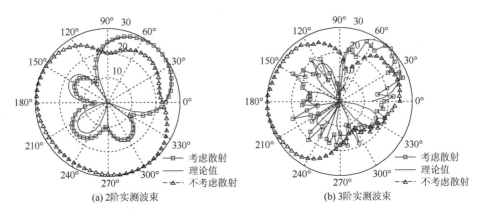

(a) 2阶实测波束　　　　　　　　　　(b) 3阶实测波束

图 4-83　实测波束（导向角为 45°）

除旁瓣略高外，考虑散射时校准后的小尺寸矢量阵 2 阶波束主瓣及 3 阶波束主瓣基本与理论值一致，其中 2 阶波束的旁瓣畸变很小，凹点基本存在，但 3 阶波束与理论情况相差略大，即 3 阶波束稳健性较差，这一现象与阵列稳健性受波束阶数影响分析的结论相符合。不考虑散射引起的信号畸变时，波束形成结果基本没有明显的主瓣出现，波束形成算法失效。对比不同导向角时的波束图可知，导向角在轴向时，整体效果优于 45°方向，不仅凹点较好，主瓣的畸变也较小。

参 考 文 献

[1]　陈洪娟. 矢量传感器[M]. 哈尔滨：哈尔滨工程大学出版社，2006.

[2]　张虎. 平面矢量传感器阵的研制及校准研究[D]. 哈尔滨：哈尔滨工程大学，2014.

[3]　赵天吉. 水下质点振速拾振器设计[D]. 哈尔滨：哈尔滨工程大学，2017.

[4]　Kendall J M. Underwater microphone[P]. United States Patent No. 2582994，1952.

[5]　Schloss F，Strasberg M. Hydrophone calibration in a vibrating column of liquid[J]. The Journal of the Acoustical Society of America，1962，34（7）：958-960.

[6]　成浩. 矢量水听器设计制作及其标准化校准技术研究[D]. 哈尔滨：哈尔滨工程大学，2015.

[7]　李兴顺. 矢量水听器绝对校准方法及系统研究[D]. 哈尔滨：哈尔滨工程大学，2014.

[8]　杨收. 甚低频矢量水听器绝对校准方法研究[D]. 哈尔滨：哈尔滨工程大学，2012.

[9]　赵鹏涛. 10-100Hz 矢量水听器研制及其测试方法研究[D]. 哈尔滨：哈尔滨工程大学，2009.

[10]　范继祥. 矢量水听器校准装置研究[D]. 哈尔滨：哈尔滨工程大学，2007.

[11]　陈洪娟，张虎，张强，等. 一种驻波管矢量水听器校准低频修正方法[P]. 108469298A，2018.

[12]　陈洪娟，李智，张虎，等. 低噪声矢量水听器等效自噪声加速度谱级的校准装置及校准方法[P]. 106124025A，2016.

[13]　陈洪娟，张虎，王文芝，等. 水声驻波声场形成装置[P]. ZL201010117345.7，2010.

[14]　Leslie C B，Kendall J M，Jones J L. Hydrophone for measuring particle velocity[J]. The Journal of the Acoustical Society of America，1956，28（4）：711-719.

[15]　Bauer B B. Laboratory calibrator for gradient hydrophones[J]. The Journal of the Acoustical Society of America，1966，39（3）：585-586.

[16]　Olson H F. Gradient microphones[J]. The Journal of the Acoustical Society of America，1946，17（3）：192-198.

[17]　Beaverson W A，Wiggins A M. A second-order gradient noise microphone using a single diaphragm[J]. The Journal of the Acoustical Society of America，1950，22（5）：592-601.

[18]　Parsons A T. Maximum directivity proof for three-dimensional arrays[J]. The Journal of the Acoustical Society of America，1987，82（1）：179-182.

[19]　Benesty J，Chen J. Study and Design of Differential Microphone Arrays[M]. Berlin：Springer，2013.

[20]　Abhayapala T D，Ward D B. Theory and design of high order sound field microphones using spherical microphone array[C]. IEEE International Conference on Acoustics，Orlando，2002.

[21]　Rafaely B. Plane-wave decomposition of the sound field on a sphere by spherical convolution[J]. The Journal of the Acoustical Society of America，2004，116（4）：2149-2157.

[22]　Liu Y K. Spherical array superdirective beamforming based on spherical harmonic decomposition of the soundfield[C]. OCEANS，Yeosu，2012.

[23]　Elko G W. Differential Microphone Arrays[M]. Berlin：Springer，2004.

[24]　D'Spain G L，Hodgkiss W S. Array processing with acoustic measurements at a single point in the ocean[J]. The Journal of the Acoustical Society of America，1992，91（4S）：2364.

[25]　Franklin J B. Superdirective receiving arrays for underwater acoustic application[C]. Defence Research Establishment Atlantic：Dartmouth，Nova Scotia，1997.

[26]　Silvia M T，Franklin R E，Schmidlin D J. Signal processing considerations for a general class of directional acoustic sensors[C]. Proceedings of the Workshop on Directional Acoustic Sensors，Newport，2001.

[27]　Silvia M T，Cray B A. Theoretical and experimental investigation of acoustic dyadic sensors[J]. The Journal of the Acoustical Society of America，2001，110（5S）：2753.

[28]　Cray B A，Evora V M，Nuttall A H. Highly directional acoustic receivers[J]. The Journal of the Acoustical Society of America，2003，113（3）：1526-1532.

[29]　Ma Y L，Yang X Y，He Z Y，et al. Theoretical and practical solutions for high order superdirectivity of circular sensor arrays[J]. IEEE Transactions Industrial Electronics，2013，60（1）：203-209.

[30]　Yang S. Directional pattern of a cross vector sensor array[J]. The Journal of the Acoustical Society of America，2012，131（4）：3484.

[31]　Berliner M J，Lindberg J F，Wilson O B. Acoustic particle velocity sensor: Design，proformance and application[J]. The Journal of the Acoustical Society of America，1996，100（6）：3478-3479.

[32]　Yang D S，Zhu Z R. Direction-of-arrival estimation for a uniform circular acoustic vector-sensor array mounted around a cylindrical baffle[J]. Science China，2012，55（12）：2338-2446.

[33]　Nehorai A，Paldi E. Acoustic vector-sensor array processing[J]. IEEE Transactions on Signal Processing，1994，42（9）：2481-2491.

[34]　Clark J A. High-order angular response beamformer for vector sensors[J]. Journal of Sound and Vibration，2008，318（3）：417-422.

[35]　Zou N，Nehorai A. Circular acoustic vector-sensor array for mode beamforming[J]. IEEE Transactions on Signal Processing，2009，57（8）：3041-3052.

[36]　Gur B. Particle velocity gradient based acoustic mode beamforming for short linear vector sensor arrays[J]. The Journal of the Acoustical Society of America，2014，135（6）：3463-3473.

[37]　孙心毅. 基于矢量水听器的高指向性二阶水听器[D]. 哈尔滨：哈尔滨工程大学，2014.

[38]　王绪虎，陈建峰，常跃跃，等. 一种十字型振速梯度水听器的方位估计方法[P]. 103454616A，2013.

[39]　Guo X J，Yang S E，Miron S. Low-frequency beamforming for a miniaturized aperture three-by-three uniform rectangular array of acoustic vector sensors[J]. The Journal of the Acoustical Society of America，2015，138（6）：3872-3883.

[40]　郭俊媛. 小尺寸矢量阵低频校准方法研究[D]. 哈尔滨：哈尔滨工程大学，2018.

[41]　王永良，陈辉，彭应宁，等. 空间谱估计理论与算法[M]. 北京：清华大学出版社，2004.

[42]　张建兰，高天赋，曾娟，等. 压电陶瓷发射换能器的瞬态抑制[J]. 声学学报，2007，32（4）：295-303.

[43]　陈毅，袁文俊，赵涵. 水声测量用声脉冲瞬态抑制方法的研究[J]. 应用声学，2002，21（4）：10-17.

[44]　高天赋，曾娟，李海峰，等. 压电陶瓷发射换能器的 Butterworth 匹配定理[J]. 声学学报，2006，31（4）：297-304.

[45]　Ainsleigh P L，George J D. Signal modeling in reverberant environments with application to underwater electroacoustic transducer calibration[J]. The Journal of the Acoustical Society of America，1995，98（1）：270-279

[46]　赵涵. 利用瞬态信号建模技术估计换能器的稳态参数[J]. 仪器仪表学报，2001，22（3）：82-83.

[47]　王燕，邹男，梁国龙. 强多途环境下水听器阵列位置近场有源校正方法[J]. 物理学报，2015，64（2）：024304.

[48]　师俊杰，孙大军，吕云飞，等. 甚低频矢量水听器水池校准方法研究[J]. 兵工学报，2011，32（9）：1106-1112.

[49]　吴本玉，莫喜平，崔政. 非消声水池中低频换能器测量的空间域处理方法[J]. 声学学报，2010，35（4）：434-440.

第5章 声学计量基本知识与实例分析

5.1 计量及声学计量

5.1.1 计量基本概念

1. 计量的产生及分类

计量,在我国历史上称为度量衡。公元前 221 年,秦始皇统一度量衡,意味着计量的出现;公元 9 年,新莽时期发明的卡尺,标志着传统计量理论的产生;中华人民共和国成立后,建立了新的计量种类,实现了计量事业由传统向近代的转变。人们把每年的 5 月 20 日定为世界计量日,是为了纪念 1875 年 5 月 20 日闻名世界的《米制公约》签订和国际计量局(Bureau International des Poids et Measures,BIPM)的成立。

计量学研究的内容包括:①计量单位及其基准与标准的建立、复制、保存和使用;②量值传递、计量原理、计量方法、计量不确定度以及计量器具的计量特性;③计量人员进行计量的能力;④计量法制和管理;⑤有关计量的一切理论和实际问题。计量的特点是准确性、一致性、溯源性、法制性。

计量按专业分类,可以分为几何量、温度、力学、电磁学、电子、时间频率、电离辐射、光学、声学、化学(含标准物质)等 10 大类,其中,声学计量分为空气声计量、水声计量、超声计量和听力计量等;计量按工作领域分类,可以分为科学计量、工程计量、法制计量;计量按学科分类,可以分为法制计量学、普通计量学、技术计量学、质量计量学、理论计量学等。

2. 计量的意义和影响

计量的核心是"量",需要量值统一,就离不开计量,确保计量单位的统一和量值的准确可靠是计量的基本任务和目的。通过计量,才能认识"量",并且进一步确切地获得其"量值"。门捷列夫说"没有计量,便没有科学",聂荣臻同志也指出,"科技要发展,计量须先行""没有计量,寸步难行"。

计量是人们正确认识自然现象、掌握自然规律、验证科学预见不可缺少的手段,从经典的牛顿力学到现代的量子力学,各种定律、定理,都是经过观察、分析、研究、推理和实际验证才被揭示、承认和确立。例如,哥白尼在反复观察的基础上提出的关于天体运行的学说，是伽利略用天文望远镜进行了进一步观测之后才得以确立；著名的万有引力定律是在百余年后经卡文迪什的精密测试而得到确认；爱因斯坦的相对论也是在频率精密测量的基础上才得到了一定的验证；李政道、杨振宁关于弱相互作用下宇称不守恒理论也是吴健雄等在美国标准局进行了专门的测试才验证的。总之，计量在上述过程中提供了重要技术基础。

在工业生产中，特别是社会化大生产的发展历程中，计量起着举足轻重的作用。从原材料的筛选到定额投料，从工艺流程监控到产品的品质检验，都离不开计量。例如，一辆普通的载重汽车有 9000 多个零件，由上百个工厂生产，若没有一定的计量保证，就无法装配成功；在医疗放射治疗肿瘤的过程中，X 射线和 γ 射线的剂量大小与治疗效果有着密切关系，如果射线剂量超过标准，患者好的组织就会被烧伤或损坏，如果射线剂量不足，则达不到治疗效果，等等。日前，优质的原材料、先进的工艺装备和现代的计量检测手段已经成为公认的现代化生产三大支柱。

计量对国防，特别是尖端技术的重要性，尤为突出。国防尖端技术系统庞大复杂，涉及的科技领域广，技术难度高，要求计量的参数多、精度高、量程大、频带宽。例如卫星通信，军用通信同步卫星距地面可达 35800km，而核爆炸检测卫星距地面则远达 112280km，用无线电联系就必须有大功率的发射机和高灵敏度的接收机，因而必须对大功率、低噪声、大衰减和小电压等主要参数进行相应的计量测试。这不但要研究测试方法和设备，而且要建立相应的计量标准。另外，对国防尖端技术系统来说，工作环境比较特殊，往往要在现场进行有效的计量测试，难度更大。例如，原子弹、氢弹等核武器的研制与爆炸威力实验，对计量都有特殊要求，必须进行动态压力、动态温度、脉冲流量以及核辐射等一系列计量测试。

计量提供的数据，能够保证各部件、分系统和整个系统的可靠性，同时，还可以缩短研制周期，节约人力、物力和时间。例如，美国一航空喷气发动机公司，在研制一种新型发动机的过程中，需要进行一系列的计量测试。当计量仪器的误差为 0.75σ 时，需要进行 200 次实验，耗资 2000 万美元；当仪器的测量误差减小到 0.5σ 时，只需要进行 28 次实验，耗资仅 280 万美元。可见，在国防建设中，计量测试是极其重要的技术基础，具有明显的技术保障作用，不仅可以节约资金、争取时间、提高作战能力，而且还能为指挥员的判断与决策提供可靠的依据。

因此，计量是科学技术进步、经济和社会发展的重要技术基础。随着形势的发展，对计量的要求也越来越高，特别是对准确度和可靠性的要求尤为突出，可以说，任何科学、任何部门、任何行业以至任何活动，都直接或间接地、有意或无意地需要计量。计量水平的高低，已成为衡量一个国家科技、经济和社会发展程度的重要标志之一。

3. 计量专有名词

在 2011 年 11 月 30 日国家质量监督检验检疫总局发布的《通用计量术语及定义》（JJF 1001—2011）中，严格定义了 215 条计量过程通用的术语，其中关于声学计量的通用术语包括如下。

1）量

现象、物体或物质的特性，其大小可用一个数和一个参照对象表示。

2）量值

用数和参照对象一起表示的量的大小。

3）测量

通过实验获得并可合理赋予某一个量或多个量值的过程。

4）计量

实现单位统一、量值准确可靠的活动。

5）计量学

测量及其应用的科学。

6）测量原理

用作测量基础的现象。

7）测量方法

对测量过程中使用的操作所给出的逻辑性安排的一般性描述。

8）被测量

拟测量的量。

9）影响量

在直接测量中不影响实际被测的量、但会影响示值与测量结果之间关系的量。

10）校准

在规定条件下的一组操作，其第一步是确定由测量标准提供的量值与相应示值之间的关系，第二步则是用此信息确定由示值获得测量结果的关系，这里测量标准提供的量值与相应示值都具有测量不确定度。

11）测量结果

与其他有用的相关信息一起赋予被测量的一组量值。

12）测量准确度

被测量的测得值与其真值间的一致程度。

13）测量正确度

无穷多次重复测量所得量值的平均值与一个参考量值间的一致程度。

14）测量精密度

在规定条件下，对同一或类似被测对象重复测量所得示值或测得值间的一致程度。

15）测量重复性

在一组重复性测量条件下的测量精密度。

16）重复性测量条件

相同测量程序、相同操作者、相同测量系统、相同操作条件和相同地点，并在短时间内对同一或相类似被测对象重复测量的一组测量条件。

17）复现性测量条件

不同地点、不同操作者、不同测量系统，对同一或相类似被测对象重复测量的一组测量条件。

18）测量复现性

在复现性测量条件下的测量精密度。

19）实验标准偏差

对同一被测量进行 n 次测量，表征测量结果分散性的量。

20）测量不确定度

根据所用到的信息，表征赋予被测量量值分散性的非负参数。

21）测量不确定度的 A 类评定

对在规定测量条件下测得的量值用统计分析的方法进行的测量不确定度分量的评定。

22）测量不确定度的 B 类评定

用不同于测量不确定度 A 类评定的方法对测量不确定度分量进行的评定。

23）合成标准不确定度

由在一个测量模型中各输入量的标准测量不确定度获得的输出量的标准测量不确定度。

24）声学计量

研究基本声学参量和工程评价参量的测量及保证单位统一和量值准确的科学技术，声学参量的测量精准与否，直接关系到声学研究与应用的质量和水平。

5.1.2　声学计量概述

1. 声学计量的内容与特点

1）基本内容

声学计量的内容包括基本声学量的溯源与传递、声学测量仪器设备的检定或校准和实用工程参数的测量。其中，水声计量包括对声压、声强、声功率、质点振速等基本水声量值的溯源、传递和测量，也包括与声呐系统战术、技术性能密切相关的专用水声设备等电声参数的测量；超声计量包括对声压、声强、声功率等超声基本量值的传递以及超声设备的检定；空气声计量主要是对空气声压量的传递和对诸多空气声测量器具的检定[1]。

2）特点

首先，声学中只有少数基本量值具有传递特性，如声压、声强、声功率、质点振速等，因此，声学计量的量值传递级数较少；而且由于声学计量器具的数量不多，且传递误差相对较大，故声学计量的被测量传递误差较大，其中，水声计量由于测试载体复杂，所以水声计量的精度远比几何量、光学、电磁、无线电等量值的计量测试精度低，也没有空气声计量精度高。其次，水声计量根据工作场合要求，需要分别建立常压常温条件下的计量测试设施和高静水压、变温条件下的计量测试设施，声波频率和幅度的变化范围也都非常大。

2. 声学计量标准与规范

量值传递是通过对测量器具的校准（检定），将国家测量标准所复现的单位量值通过各等级测量标准传递到工作测量器具的活动，以保证被测对象的量值准确和一致。原则上实施量值传递须同时具备三个条件，即检定系统或测量器具等级图、各级测量标准和相应技术规范。目前，在声学计量中同时具备此三个条件的量值只有水声声压、低频段超声声压、超声功率及空气声声压。

1）水声国家计量标准与规范

水声国家基准由三个独立的装置——密闭腔压电补偿法装置、自由场互易法装置和高频水声声压装置组成。水声行业国家标准具体包括：①0.01～1Hz 水声声压交变静水压激励器法标准装置，用于常压下甚低频水声声压的传递；②1～2000Hz 水声声压压电补偿法和振动液柱法标准装置，用于常压下低频水声声压的传递；③1～200kHz 水声声压球面波自由场互易法标准装置，用于常压下中频水声声压的传递；④100kHz～5MHz 水声声压互易法标准装置，用于常压下高频水声声压的传递；⑤高静水压下水声声压耦合腔法标准装置，用于高静水压环境下低频水声声压的传递；⑥高静水压下水声声压行波管标准装置，用于高静水压环境下中高频水声声压的传递；⑦质点振速（水声声压梯度）平面驻波场标准装置，用于对声压梯度（质点振速）水听器校准以及在低频段传递水声声压梯度和质点振速的量值。

国家标准化管理部门专门制定了一系列水声标准器和测量器具的检定规程与校准方法标准，分别以国家计量检定规程、国家标准和国家军用标准的文件形式发布。

2）超声国家标准与规范

超声声压行业最高计量标准由"0.1～5MHz 水声声压计量标准装置"和"0.5～15MHz 水声声压计量标准装置"两套装置组成。国家超声功率计量基准的全套计量器具为毫瓦级超声功率主基准装置和瓦级超声功率主基准装置，以及毫瓦级超声功率副基准装置和瓦级超声功率副基准装置，频率范围都为 0.5～10MHz，不确定度为 5%。同时，超声声压也制定了一系列的检定规程。

3）空气声国家基准

空气声计量行业也建立了空气声声压国家基准装置，包括耦合腔互易法声压主基准和副基准、自由场声压基准和一套工作基准传声器，以及相应的空气声计量的国家检定规程。

5.2　测量不确定度评定方法

5.2.1　基本概念

1. 测量值及其单位

通过一定的仪器、工具和方法对某物理量进行测量获得的数据称为测量值，对一个物理量的测量值进行表示时，必须包含数值和单位两个部分。

目前，在物理学上各物理量的单位，都采用中华人民共和国法定计量单位，是以国际单位制（SI）为基础的单位。其中，米（长度）、千克（质量）、秒（时间）、安培（电流强度）、开尔文（热力学温度）、摩尔（物质的量）和坎德拉（发光强度）作为基本单位，称为国家单位制的基本单位；其他量（如力、能量、电压、磁感应强度等）的单位均可由这些基本单位导出，称为国际单位制的导出单位。

2. 直接测量、间接测量和等精度测量

直接测量是指把待测物理量直接与作为标准的物理量相比较，如用直尺测某长度。

间接测量是指按一定的函数关系，由一个或多个直接测量量计算出另一个物理量。

等精度测量是指同一个人，用同样的方法，使用同样的仪器并在相同的条件下对同一物理量进行的多次测量。

3. 测量的正确度、精密度和精确度

正确度表示测量结果系统误差的大小。

精密度表示测量结果随机性的大小。

精确度则综合反映出测量的系统误差与随机性误差的大小。

4. 误差的概念

1）绝对误差、相对误差

测量值 x 与真值 x_r 之差称为测量误差 Δ，简称误差，记为

$$\Delta = x - x_r \tag{5-1}$$

误差的表示形式一般分为绝对误差与相对误差。绝对误差使用符号 $\pm\Delta x$ 表示，Δx 表示测量值 x 与真值 x_r 之间的差值以一定的可能性（概率）出现的范围，即真值以一定的可能性（概率）出现在 $x - \Delta x$ 至 $x + \Delta x$ 区间内；相对误差使用符号 δ 表示，是测量的绝对误差与被测量的真值之比，若乘以 100% 以百分数表示，也称为百分误差。一般来说，相对误差更能反映测量的可信程度。

2）误差的分类、来源及转化

一般将误差分为系统误差、随机误差、粗大误差三类。

（1）系统误差。

在相同的测量条件下多次测量同一物理量时，误差的绝对值和符号保持恒定，当测量条件改变时，它也按某一确定的规律而变化，这样的误差称为系统误差。

系统误差的来源可归结为以下几个方面：仪器误差、调整误差、环境误差、方法（或原理）误差、人员误差。

（2）随机误差。

在相同的测量条件下多次测量同一物理量时产生的时大时小、时正时负、以不可预知的方式变化的误差称为随机误差。

随机误差的产生主要是由于各种不确定因素引起测量值的无规则涨落，一般服从某种概率分布形式，如服从正态分布的随机误差具有单峰性、对称性、有界性、抵偿性等一些特性。

（3）粗大误差。

用当时的测量条件不能合理解释的误差称为粗大误差。其主要是由实验者在操作、读数、记录、计算等方面的粗心而造成的。含有粗大误差的测量值会明显歪曲客观事实，因而必须用适当的方法将其剔除。

（4）误差的转化。

由于系统误差和随机误差有时难以分辨，并在一定的条件下可以相互转化，因此，现代误差理论已使用不确定度来评价测量结果，在误差分类上也不再使用系统误差这个名词，而是根据其来源及是否能用统计方法进行处理，分别归类于 A 类标准不确定度和 B 类标准不确定度。

3）测量结果的最佳值与随机误差的估算

（1）测量结果的最佳值为算术平均值。

设对某一物理量进行了 n 次等精度的重复测量，所得的一系列测量值分别为 $x_1, x_2, \cdots, x_i, \cdots, x_n$，测量结果的算术平均值为

$$\bar{x} = \frac{1}{n}\sum_{i=1}^{n} x_i \tag{5-2}$$

式中，x_i 是随机变量；$\bar{x}$ 也是一个随机变量，随着测量次数 n 的增减而变化。由随机误差的上述统计特性可以证明：当测量次数 n 无限增多时，算术平均值 $\bar{x}$ 就是接近真值的最佳值。

（2）随机误差的估算。

随机误差的大小常用标准误差、平均误差和极限误差表示。

由于真值 x_r 无法知道，因而误差 Δx 也无法计算。但在有限次测量中，算术平均值 $\bar{x}$ 是真值的最佳估算值，且当 $n \to \infty$ 时，$\bar{x} \to x_r$，所以，可以用各次测量值与算术平均值之差作为残差或偏差 υ_i 来估算误差，即

$$\upsilon_i = x_i - \bar{x} \tag{5-3}$$

式中，υ_i 是可以计算的，当用 υ_i 来计算标准误差时，称为标准偏差。

①标准偏差使用符号 σ_x 表示，其计算式为

$$\sigma_x = \sqrt{\frac{\sum \upsilon_i^2}{n-1}} \tag{5-4}$$

标准偏差 σ_x 所表示的意义是：任一次测量值 x_i 的误差落在($\pm \sigma_x$)范围内的概率为 68.3%。

②平均值的标准偏差使用符号 $\sigma_{\bar{x}}$ 表示，其计算式为

$$\sigma_{\bar{x}} = \frac{\sigma_x}{\sqrt{n}} = \sqrt{\frac{\sum \upsilon_i^2}{n(n-1)}} \tag{5-5}$$

平均值的标准偏差是 n 次测量中任一次测量值标准误差的 $\frac{1}{\sqrt{n}}$ 倍。它表示在 ($\bar{x} \pm \sigma_{\bar{x}}$) 范围内包含真值 x_r 的可能性是 68.3%。

③有限次测量的情况和 t 因子。测量次数趋于无穷只是一种理论情况，这时物理量的概率密度服从正态分布。当次数减少时，概率密度曲线变得平坦，称为 t 分布，也称为学生分布。当测量次数趋于无限时，t 分布过渡到正态分布。

对有限次测量的结果，要使测量值落在平均值附近，具有与正态分布相同的置信概率（$P = 0.683$），显然要扩大置信区间，扩大置信区间的方法是把 σ_x 乘以一个大于 1 的置信因子 t_p。

在 t 分布下，标准偏差记为

$$\sigma_{xt} = t_p \sigma_x \qquad (5\text{-}6)$$

置信因子 t_p 与测量次数 n 有关，表 5-1 列出了 t_p 与 n 的关系。

表 5-1　有限次测量下置信因子 t_p 与测量次数 n 的关系

P	n										
	3	4	5	6	7	8	9	10	15	20	∞
0.68	1.32	1.20	1.14	1.11	1.09	1.08	1.07	1.06	1.04	1.03	1
0.90	2.92	2.35	2.13	2.02	1.94	1.86	1.83	1.75	1.73	1.71	1.65
0.95	4.30	3.18	2.78	2.57	2.46	2.37	2.31	2.26	2.15	2.09	1.96
0.99	9.93	5.84	4.60	4.03	3.71	3.50	3.36	3.25	2.98	2.86	2.58

注：方框内数据为 t_p。

（3）仪器误差。

仪器的最大允差 $\Delta_{仪}$ 是指在正确使用仪器的条件下，测量所得结果的最大允许误差。一般仪器误差的概率密度函数遵从均匀分布。均匀分布是指在 $\Delta_{仪}$ 区间内，各种误差（不同大小和符号）出现的概率相同，区间外出现的概率为 0。

5. 有效数字及其运算

测量结果的数字中，只保留一个欠准数（即数字的最后一位是欠准数），其余都是可靠数。测量结果中所有可靠数字和一个欠准数统称为有效数字。它们正确而有效地表示了实验的结果。

1）直接测量的读数原则

直接测量读数应反映出有效数字，所以在直接测量读数时：

（1）应估读到仪器最小刻度以下的一位欠准数；

（2）有效数字位数的多少既与使用仪器的精度有关，又与被测量本身大小有关。

2）多次测量的取舍

测量一般只取 1～2 位数字，因此 $\bar{x}$ 的末位数应取在 σ_x 所取的一位上，即 $\bar{x}$ 的末位与 σ_x 所取的一位对齐。

关于 $\bar{x}$ 和 σ_x 尾数的取舍，常采用下列法则：

（1）遇尾数为 4 或 4 以下的数，则"舍"；

（2）遇尾数为 6 或 6 以上的数，则"入"；

（3）遇尾数为 5 的数，要看前一位。前一位为奇数，则"入"，前一位为偶数则"舍"。

3）有效数字运算规则

运算结果的有效数字应由误差计算结果来确定。但是，在作误差计算以前的测量值运算过程中，可由有效数字运算规则进行初次的取舍以简化运算过程。

有效数字取舍的总原则是：运算结果只保留一位欠准数。

4）量具和仪器的有效数字

对于标刻度的量具和仪器，如果被测量很明确、照明好、仪器的刻度清晰，要估读到最小刻度的几分之一（如 1/10、1/5、1/2）。这最小刻度的几分之一，即为测量值的估计误差，记为 $\Delta_{估}$，测量值中能读准的位数加上估读的这一位为有效数字。

5.2.2　测量不确定度的计算

测量不确定度是与测量结果相关联的参数，表征测量值的分散性、准确性和可靠程度，或者说它是被测量值在某一范围内的一个评定。测量不确定度分为 A 类标准不确定度和 B 类标准不确定度[2]。

一个完整的测量结果不仅要给出该测量值的大小，同时还应给出它的不确定度，用不确定度来表征测量结果的可信赖程度，测量结果应写成下列标准形式：

$$X = \bar{x} \pm U \tag{5-7}$$

式中，X 为测量值；对等精度多次测量而言，$\bar{x}$ 是多次测量的算术平均值；U 为不确定度。

测量不确定度可以用来评价测量的水平和质量，不确定度越小，则测量结果的可疑程度越小，可信程度越大，测量结果的质量越高，水平越高，其使用价值越高，反之亦然。

1. A 类标准不确定度

A 类标准不确定度是在一系列重复测量中，用统计方法计算的分量，其表征值可以用平均值的标准偏差表示，即

$$U_{A} = \frac{\sigma_x}{\sqrt{n}} = \sqrt{\frac{\sum_{i=1}^{n}(x_i - \bar{x})^2}{n(n-1)}} \tag{5-8}$$

2. B 类标准不确定度

测量中凡是不符合统计规律的不确定度统称为 B 类标准不确定度，记为 U_{B}。

其中，对一般有刻度的量具和仪表，估计误差在最小分格的 1/10～1/5，通常小于仪器的最大允差 $\Delta_{仪}$，所以通常可以用 $\Delta_{仪}$ 表示一次测量结果的 B 类标准不确定

度,但实际上,仪器的误差在$[-\Delta_{仪},\Delta_{仪}]$内是按一定概率分布的,因此,一般测量结果的 B 类标准不确定度 U_B 可表示为

$$U_B = \frac{\Delta_{仪}}{C} \qquad (5\text{-}9)$$

式中,C 称为置信系数,其取值与仪器误差的概率分布形式有关,如果置信概率取 100%,则在仪器误差满足正态分布条件下,$C=3$;在仪器误差满足均匀分布条件下,$C=\sqrt{3}$。

3. 合成标准不确定度和扩展不确定度

测量值的合成标准不确定度定义为

$$U = \sqrt{U_A^2 + U_B^2} \qquad (5\text{-}10)$$

将合成标准不确定度乘以一个与一定置信概率 P 相联系的置信因子(或称覆盖因子)K,得到增大置信概率的不确定度,就称为扩展不确定度。这里,在一定概率分布形式下,不同的置信概率 P 对应有不同的置信因子,在正态分布条件下,其置信概率 P 对应的置信因子见表 5-2。

表 5-2　在正态分布条件下置信概率 P 与 K 的关系

P	K
0.500	0.675
0.683	1
0.900	1.65
0.950	1.96
0.955	2
0.990	2.58
0.997	3

4. 标准不确定度分析的数学建模方法

假设某一间接测量量具有如下关系式:

$$y = f(x_1, x_2, \cdots, x_n) \qquad (5\text{-}11)$$

式中,如果 $x_1, x_2, \cdots, x_n$ 为相互独立的直接测量量,则间接测量量 y 的不确定度为

$$U(y) = \sqrt{\sum_{i=1}^{n}\left(\frac{\partial y}{\partial x_i}\right)^2 U^2(x_i)} \qquad (5\text{-}12)$$

式中，$U(x_i)$ 为直接测量 x_i 的标准不确定度。

求间接测量结果的不确定度的步骤如下：

（1）对函数求全微分（对加减法），或先取对数再求全微分（对乘除法）；

（2）合并同一分量的系数，合并时，有的项可以相互抵消，从而得到最简单的形式；

（3）系数取绝对值；

（4）将微分号变为不确定度符号；

（5）求平方和。

5.3　测量不确定度分析实例

5.3.1　水声换能器互易校准方法及其测量不确定度分析

水声换能器互易校准方法常用的主要有自由场互易法、耦合腔互易法等。自由场互易法适用于在水池自由场空间对水声换能器进行校准，工作频率范围为 0.5kHz～1MHz；耦合腔互易法是在密闭小空间内校准水听器的方法，适合于在高静水压和变温条件下使用，工作频率范围为 20Hz～2kHz[3]。

1. 互易常数

互易常数是针对某一声场条件的常数，只与收发换能器以及介质特性和边界条件有关，符号是 HY，不同的边界条件与声场特性有不同的互易常数。下面介绍几种在声学计量测试中常遇到的典型情况下的互易常数表达式。

（1）球面波自由场互易常数（表示符号 HY_S）：

$$HY_S = \frac{2d\lambda}{\rho c} \tag{5-13}$$

式中，d 是互易换能器电流发送响应的参考距离，单位为 m；λ 是介质中声波波长，单位为 m；ρ 是介质密度，单位为 kg/m³；c 是介质中声速，单位为 m/s。

（2）平面波自由场互易常数（表示符号 HY_P）：

$$HY_P = \frac{2A}{\rho c} \tag{5-14}$$

式中，A 是互易换能器工作面面积，单位为 m²；ρ 是介质密度，单位为 kg/m³；c 是介质中声速，单位为 m/s。

（3）柱面波自由场互易常数（表示符号 HY_C）：

$$HY_C = \frac{2L\sqrt{d\lambda}}{\rho c} \tag{5-15}$$

式中，L 是互易换能器的高，单位为 m；d 是互易换能器电流发送响应的参考距离，单位为 m；λ 是介质中声波波长，单位为 m；ρ 是介质密度，单位为 kg/m^3；c 是介质中声速，单位为 m/s。

（4）耦合腔互易常数（表示符号 HY$_{腔}$）：

$$HY_{腔} = \omega C_a = \frac{V}{\rho c^2} = \frac{\Delta V}{\Delta p} \tag{5-16}$$

式中，ω 是角频率，单位为 rad；C_a 是耦合腔中介质的声顺；V 是腔中介质的体积，单位为 m^3；ρ 是介质密度，单位为 kg/m^3；c 是介质中声速，单位为 m/s；Δp 是腔中静水压力的变化，单位为 Pa；ΔV 是腔中介质相应于 Δp 变化的体积变化量，单位为 m^3。

2. 球面波自由场互易法

1）转移电阻抗

在介质中由某一收发换能器对 F-J 形成的收发系统看作一个四端网络系统，如图 5-1 所示，输入端是发射器 F，由电流 I_F 激励，接收端是接收器 J，输出开路电压 U_{J0}，将比值 U_{J0}/I_F 定义为 F-J 收发系统的转移电阻抗 Z_{FJ}。

2）方法原理

互易法是通过测量由三只换能器（一只发射换能器 F、一只接收水听器 J 和一只互易换能器 H）组成的不同收发换能器对之间转移电阻抗及利用声场互易常数来完成的，具体测量步骤如图 5-2 所示。

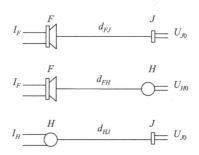

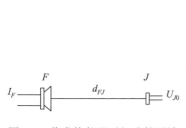

图 5-1　收发换能器对组成的四端　　　　图 5-2　互易法测量步骤示意图
　　　　网络示意图

测量时，首先利用发射换能器 F 发射、接收水听器 J 接收，因此有

$$Z_{FJ} = \frac{U_{J0}}{I_F} = \frac{U_{J0}}{p_J} \frac{p_J d_{FJ}}{I_F} \frac{1}{d_{FJ}} = M_J S_{IF} \frac{1}{d_{FJ}} \tag{5-17}$$

式中，p_J 是接收水听器 J 所在接收点位置处的声压，单位为 Pa；M_J 是接收水听器 J 的自由场电压灵敏度，单位为 V/μPa；S_{IF} 是发射换能器 F 的发送电流响应，单位为 Pa·m/A；d_{FJ} 是 F 与 J 之间的距离，单位为 m。

其次，利用发射换能器 F 发射、互易换能器 H 接收，因此有

$$Z_{FH} = \frac{U_{H0}}{I_F} = \frac{U_{H0}}{p_H} \frac{p_H d_{FH}}{I_F} \frac{1}{d_{FH}} = M_H S_{IF} \frac{1}{d_{FH}} \tag{5-18}$$

式中，p_H 是互易换能器 H 所在接收点位置处的声压，单位为 Pa；M_H 是互易换能器 H 的自由场电压灵敏度，单位为 V/μPa；S_{IF} 是发射换能器 F 的发送电流响应，单位为 Pa·m/A；d_{FH} 是 F 与 H 之间的距离，单位为 m。

最后，利用互易换能器 H 发射、接收水听器 J 接收，因此有

$$Z_{HJ} = \frac{U_{J0}}{I_H} = \frac{U_{J0}}{p_J} \frac{p_J d_{HJ}}{I_H} \frac{1}{d_{HJ}} = M_J S_{IH} \frac{1}{d_{HJ}} \tag{5-19}$$

式中，p_J 是接收水听器 J 所在接收点位置处的声压，单位为 Pa；M_J 是接收水听器 J 的自由场电压灵敏度，单位为 V/μPa；S_{IH} 是互易换能器 H 的发送电流响应，单位为 Pa·m/A；d_{HJ} 是 H 与 J 之间的距离，单位为 m。

另外，由于互易换能器的灵敏度与发送响应之间满足下面关系式：

$$\frac{M_H}{S_H} = \mathrm{HY}_S \tag{5-20}$$

因此，联立式（5-17）～式（5-20），可得

$$M_H = \sqrt{\frac{Z_{HJ} Z_{FH}}{Z_{FJ}} \frac{d_{HJ} d_{FH}}{d_{FJ}} \mathrm{HY}_S} \tag{5-21}$$

$$S_H = \sqrt{\frac{Z_{HJ} Z_{FH}}{Z_{FJ}} \frac{d_{HJ} d_{FH}}{d_{FJ}} \frac{1}{\mathrm{HY}_S}} \tag{5-22}$$

$$M_J = \sqrt{\frac{Z_{HJ} Z_{FJ}}{Z_{FH}} \frac{d_{HJ} d_{FJ}}{d_{FH}} \mathrm{HY}_S} \tag{5-23}$$

$$S_F = \sqrt{\frac{Z_{FH} Z_{FJ}}{Z_{HJ}} \frac{d_{FH} d_{FJ}}{d_{HJ}} \frac{1}{\mathrm{HY}_S}} \tag{5-24}$$

3）测量装置

球面波自由场互易法测量装置的组成如图 5-3 所示。

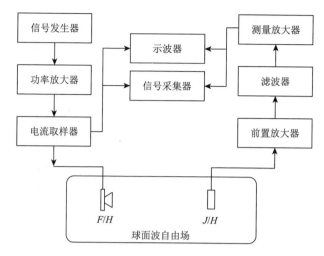

图 5-3　球面波自由场互易法测量装置组成示意图

信号发生器输出的测试信号通过功率放大器放大后激励发射换能器 F 或互易换能器 H，接收水听器 J 或互易换能器 H 在声波作用下产生的开路电压被放大和滤波后由信号采集器采集波形，信号采集器可以是波形分析仪，也可以是数字存储示波器或瞬态波形记录器。电流取样器可以是电流变换器，也可以是精密无感小电阻，取样小电阻是串接在换能器负端与功率放大器输出端之间的，因此不允许换能器负端与功率放大器低输出端同时接地，否则取样电阻将短路。

3. B 类标准不确定度分析方法

1）接收水听器灵敏度级 B 类测量不确定度分析数学模型

在球面波自由场互易法中接收水听器自由场电压灵敏度计算公式（5-23）中，当三次测量收发距离相同时，则有

$$M_J = \sqrt{\frac{Z_{HJ}Z_{FJ}}{Z_{FH}}d\mathrm{HY}_S} \tag{5-25}$$

因此，其接收水听器自由场电压灵敏度级为

$$L_{M_J} = \frac{1}{2}(20\lg Z_{HJ} + 20\lg Z_{FJ} - 20\lg Z_{FH} + 20\lg d + 20\lg \mathrm{HY}_S) \tag{5-26}$$

这样，根据不确定度的传递方法，可以得到接收水听器灵敏度级值的 B 类标准不确定度计算公式为

$$U_B(L_M) = \frac{1}{2}[U_B^2(Z_{HJ}) + U_B^2(Z_{FJ}) + U_B^2(Z_{FH}) + U_B^2(d) + U_B^2(J)]^{\frac{1}{2}} \tag{5-27}$$

2）测量中影响不确定度的因素分析

影响测量结果的不确定度主要有以下因素。

（1）来自测量设备的影响因素。

①前置放大器的输入阻抗比互易换能器和接收水听器的阻抗高 100 倍，因此，由前置放大器输入阻抗不够高引起的电压偏差为 0.1dB；

②电流变换器灵敏度值的测量不确定度不大于 0.1dB；

③信号采集器的最大允许量化误差为 ±0.1dB。

（2）来自测量条件的影响因素。

①互易换能器的非互易性在工作频率小于 100kHz 时应不超过 ±0.2dB，在工作频率大于或等于 100kHz 时应不超过 ±0.5dB；

②发射换能器和接收水听器的非线性在工作频率小于 100kHz 时应不大于 0.2dB，在工作频率大于或等于 100kHz 时应不大于 0.5dB；

③换能器被安装固定后，用直尺或卷尺测量每对换能器声中心的距离 d_{center}，测量不确定度应不大于 1%；

④对于介质密度 ρ，一般不做实际测量，查阅关于物质密度的国家标准（GB/T 5007—2014）就可得到它的标准值。对于淡水，在 0～25℃温度范围内，ρ 可取作 1000kg/m^3，这时误差不超过 ±0.3%；

⑤脉冲未完全稳态引起的声压偏差，最大为 0.4dB。

（3）来自测量环境的影响因素。

①无规背景噪声（电和声）的干扰，干扰不大于 30dB 时所引起的误差不超过 ±0.1dB；

②电磁干扰引起的误差，不超过 ±0.1dB。

（4）来自测量过程的影响因素。

这主要有测量设备、测量环境的不稳定性和人员操作的随机性。

5.3.2　矢量水听器动态范围参数测量不确定度分析

1. 数学模型建立

动态范围（dynamic range，DR）是物理学中常见的概念，表示某一物理量最大值与最小值的比率，通常以对数表示，单位为 dB。

矢量水听器动态范围参数是由其过载加速度级（能够接收到的最大加速度级）和等效自噪声加速度级（能够接收到的最小加速度级）之间的差值来确定的[4]，即

$$\text{DR} = 20\lg\frac{a_{\max}}{a_{\min}} = 20\lg\frac{e_{a\max}}{e_{a\min}} = 20\lg e_{a\max} - 20\lg e_{a\min} \tag{5-28}$$

2. A 类测量不确定度分析

在相同测量条件下，对两只矢量水听器样品的动态范围独立重复测量 6 次，测量频率范围为 20～2000Hz，得到 6 次测量结果及其平均值与标准偏差，见表 5-3，取 6 次测量平均值的实验标准偏差作为 A 类标准不确定度分量。

表 5-3　6 次测量结果及其平均值与标准偏差

频率/Hz	动态范围/dB							
	1 次	2 次	3 次	4 次	5 次	6 次	平均值	标准偏差 s_n
20	120.91	120.88	120.73	121.04	121.08	120.83	120.91	0.13
25	123.21	123.69	122.95	122.93	122.91	123.26	123.16	0.30
31.5	129.86	130.33	131.47	131.48	132.32	130.11	130.93	0.97
40	134.79	133.24	134.72	134.71	135.02	135.44	134.65	0.75
50	136.80	136.30	135.88	135.41	135.53	137.53	136.24	0.81
63	142.80	141.12	141.47	142.62	142.17	142.37	142.09	0.66
80	146.45	147.45	147.05	147.40	147.44	147.69	147.25	0.44
100	147.23	148.81	148.87	148.70	148.77	147.83	148.37	0.68
125	147.18	147.83	147.54	147.21	146.71	147.41	147.31	0.38
160	146.45	147.50	149.20	148.83	147.70	148.16	147.97	0.99
200	147.09	147.17	147.53	147.47	147.48	147.59	147.39	0.21
250	147.28	147.46	147.73	147.47	147.78	147.71	147.57	0.20
315	147.63	148.27	147.67	147.91	148.05	147.79	147.89	0.24
400	147.28	147.35	147.18	147.81	147.58	147.44	147.44	0.23
500	147.51	146.88	146.95	148.20	148.18	147.79	147.59	0.58
630	147.74	146.60	146.90	146.47	147.55	147.60	147.14	0.55
800	147.31	147.95	148.37	148.37	147.83	147.23	147.84	0.50
1000	147.81	148.65	149.65	149.27	148.62	147.53	148.59	0.67
1250	147.74	148.34	149.42	149.30	148.69	147.51	148.50	0.65
1600	147.22	148.49	149.35	149.41	148.00	147.79	148.38	0.88
2000	147.62	148.54	149.48	149.55	148.48	147.82	148.58	0.81

根据 A 类标准不确定度计算公式可得

$$U_A = \frac{s_n}{\sqrt{n}} = 0.40\text{dB} \tag{5-29}$$

3. B 类测量不确定度分析

对矢量水听器动态范围参数加速度级数学模型和测量系统进行研究，可得其测量误差主要来源如下。

1）测量中影响不确定度的因素

对测量结果的不确定度主要有以下影响因素。

（1）来自测量设备的影响因素。

①信号源输出频率偏差；

②前置放大器输入阻抗不够高引起的电压偏差；

③测量放大器带来的误差；

④滤波器带来的误差；

⑤信号采集器的最大允许量化误差；

⑥标准加速度计电压灵敏度的测量误差；

⑦矢量水听器电压灵敏度的测量误差。

（2）来自测量条件的影响因素。

①矢量水听器放置的深度以及液体高度测量带来的误差；

②水密度测量带来的误差；

③水中声速带来的误差；

④驻波管内声场的偏差。

（3）来自测量环境的影响因素。

①无规背景噪声（电和声）的干扰所引起的误差；

②电磁干扰引起的误差。

（4）来自测量过程的影响因素。

由测量设备、测量环境的不稳定性和人员操作的随机性决定。

2）B 类标准不确定度分量的确定

由上述误差引起的 B 类标准不确定度分量的计算结果如下：

（1）信号源输出频率引入的不确定度（正态分布）$U_{B1} = 0.05\text{dB}$；

（2）前置放大器灵敏度引入的不确定度（正态分布）$U_{B2} = 0.05\text{dB}$；

（3）测量放大器引入的不确定度（均匀分布）$U_{B3} = 0.03\text{dB}$；

（4）滤波器引入的不确定度（均匀分布）$U_{B4} = 0.04\text{dB}$；

（5）噪声采集的低信噪比引入的不确定度（均匀分布）$U_{B5} = 0.04\text{dB}$；

（6）标准加速度计的电压灵敏度引入的不确定度（均匀分布）$U_{B6} = 0.05\text{dB}$；

（7）深度定位装置引入的不确定度分量（均匀分布）$U_{B7} = 0.05\text{dB}$；

（8）水密度引用值的不确定度（均匀分布）$U_{B8} = 0.02\text{dB}$；

（9）声场不均匀引入的不确定度分量（均匀分布）$U_{B9} = 0.50\text{dB}$；

（10）电干扰引入的不确定度分量（均匀分布）$U_{B10} = 0.03\text{dB}$；

（11）电磁干扰引入的不确定度（正态分布）$U_{B11} = 0.05\text{dB}$。

3）B 类标准不确定度分量的估算

由矢量水听器测得的最大和最小加速度值的计算公式为

$$a = \frac{e_{oc}}{M_a} \tag{5-30}$$

由此可导出合成的 B 类标准不确定度分量 Δa 为

$$\Delta a = \sqrt{\left(\frac{\partial a}{\partial e_{oc}}\Delta e_{oc}\right)^2 + \left(\frac{\partial a}{\partial M_a}\Delta M_a\right)^2} \tag{5-31}$$

式中，M_a 的计算公式为

$$M_a = \frac{e'_{oc}}{a_0} \frac{\cos\left(\dfrac{2\pi f}{c}L\right)}{\cos\left(\dfrac{2\pi f}{c}h\right)} \tag{5-32}$$

由此导出的加速度灵敏度合成 B 类标准不确定度分量 ΔM_a 为

$$\Delta M_a = \sqrt{\left(\frac{\partial M_a}{\partial e'_{oc}}\Delta e'_{oc}\right)^2 + \left(\frac{\partial M_a}{\partial a_0}\Delta a_0\right)^2 + 2\left(\frac{\partial M_a}{\partial f}\Delta f\right)^2 + 2\left(\frac{\partial M_a}{\partial c}\Delta c\right)^2 + \left(\frac{\partial M_a}{\partial h}\Delta h\right)^2 + \left(\frac{\partial M_a}{\partial L}\Delta L\right)^2}$$

$$= \sqrt{\left(\frac{\partial M_a}{\partial e'_{oc}}\Delta e'_{oc}\right)^2 + \left(\frac{\partial M_a}{\partial a_0}\Delta a_0\right)^2 + 2\left(\frac{\partial M_a}{\partial f}\Delta f\right)^2 + 2\left(\frac{\partial M_a}{\partial c}\Delta c\right)^2 + 2\left(\frac{\partial M_a}{\partial d}\Delta d\right)^2} \tag{5-33}$$

综上可得合成的 B 类标准不确定度分量为

$$U_B = \frac{\Delta a}{a} = \sqrt{\left(\frac{\Delta e_{oc}}{e_{oc}}\right)^2 + \left(\frac{\Delta M_a}{M_a}\right)^2}$$

$$= \sqrt{2\left(\frac{\Delta e_{oc}}{e_{oc}}\right)^2 + \left(\frac{\Delta a_0}{a_0}\right)^2 + 2\left(\frac{\Delta f}{f}\right)^2 + 2\left(\frac{\Delta c}{c}\right)^2 + 2\left(\frac{\Delta d}{d}\right)^2}$$

$$= \sqrt{2U_{e_{oc}}^2 + U_{a_0}^2 + 2U_f^2 + 2U_c^2 + 2U_d^2} \tag{5-34}$$

式中，$U_{e_{oc}}$ 包含以下因素带来的 B 类标准不确定度——U_{B2}、U_{B3}、U_{B4}、U_{B5}、U_{B9}、U_{B10}、U_{B11}，即有

$$U_{e_{oc}} = \sqrt{U_{B2}^2 + U_{B3}^2 + U_{B4}^2 + U_{B5}^2 + U_{B9}^2 + U_{B10}^2 + U_{B11}^2} = 0.51\text{dB} \tag{5-35}$$

U_{a_0} 是由标准加速度计电压灵敏度引入的 B 类标准不确定度，即有

$$U_{a_0} = U_{B6} = 0.05\text{dB}$$

$$U_f = U_{B1} = 0.05\text{dB}, \quad U_d = U_{B7} = 0.05\text{dB} \tag{5-36}$$

U_c 是由声速 c 导出的，而声速 c 的 B 类标准不确定度分量 Δc 为

$$\Delta c = \sqrt{\left(\frac{\partial c}{\partial \lambda} \cdot \Delta \lambda\right)^2 + \left(\frac{\partial c}{\partial f} \cdot \Delta f\right)^2} = \sqrt{\left(\frac{\partial c}{\partial d} \cdot \Delta d\right)^2 + \left(\frac{\partial c}{\partial f} \cdot \Delta f\right)^2} \qquad （5-37）$$

即

$$U_c = \frac{\Delta c}{c} = \sqrt{\left(\frac{\Delta d}{d}\right)^2 + \left(\frac{\Delta f}{f}\right)^2} = \sqrt{U_d^2 + U_f^2} = 0.07 \text{dB} \qquad （5-38）$$

因此，由式（5-34）可以计算得出 B 类标准不确定度分量为

$$U_B = 0.74 \text{dB} \qquad （5-39）$$

　　4）合成标准不确定度和扩展不确定度评定

　　装置的合成标准不确定度为

$$U_c = \sqrt{U_A^2 + U_B^2} \approx 0.84 \text{dB} \qquad （5-40）$$

取包含因子 $K = 2$ 时扩展不确定度为

$$U = KU_c \approx 1.68 \text{dB} \qquad （5-41）$$

参 考 文 献

[1]　袁文俊，缪荣兴，张国良，等. 声学计量[M]. 北京：原子能出版社，2002.

[2]　刘志敏. 不确定度原理[M]. 北京：中国计量出版社，1993.

[3]　陈毅，赵涵，袁文俊. 水下电声参数测量[M]. 北京：兵器工业出版社，2017.

[4]　熊翰林. 同振式矢量水听器动态范围测量方法研究[D]. 哈尔滨：哈尔滨工程大学，2019.

第6章 超声应用：超声电机

6.1 概　述

6.1.1 超声电机的定义和工作原理

超声电机（ultrasonic motor，USM）是一种利用压电材料的逆压电效应将电能转化为机械能的新型驱动器。其定子通常是由压电陶瓷和金属弹性体组成的特定形状的弹性复合体，通过给压电陶瓷施加超声频率的交流电压实现定子弹性体中同频机械振动的激励，进而在定子驱动区域内质点形成具有驱动作用的运动轨迹（一般为椭圆轨迹或者斜线运动轨迹）；进一步通过定子和转子之间的摩擦耦合，实现转子宏观运动输出。超声电机工作过程中存在两个能量转换过程，一个是通过逆压电效应将电能转换为定子微观振动的机械能，另一个是通过摩擦耦合将定子的微观振动转换为转子的宏观运动。

6.1.2 超声电机的特点

与传统电磁电机相比，超声电机由于其独特的致动原理，在研究和应用中表现出如下优点。

（1）低速大转矩（推力）无须变速机构，电机可直接带负载，从而减小了系统的质量、体积及降低了复杂性，增加了可靠性。

（2）力矩密度高超声电机设计灵活、结构紧凑，其力矩密度可达传统电磁电机的 5～10 倍。

（3）定位精度高超声电机靠产生微米级的振幅来驱动转子，在无降速机构情况下，无游隙及回程间隙，系统可达到微米级的定位精度。

（4）响应速度快超声电机是靠压电器件进行电、机能量转换，而压电器件本身的响应速度很快，加之电机的转子质量可以做得很小，使其响应速度相对于采用笨重转子的电磁电机更为快捷，可达毫秒级。

（5）断电自锁超声电机靠摩擦力驱动，断电后由于摩擦力可以实现自锁，且具有较大的保持力矩，不需要专门的制动装置。

（6）不受电磁干扰，由于超声电机无铁心和线圈，不产生磁场，也不受外界磁场干扰，因此抗电磁干扰性强，特别适用于对电磁敏感的场合。

（7）可不使用轴承和润滑能在低温和真空环境中正常工作，也可工作在如核辐射、高磁场等恶劣环境中。

超声电机由于工作原理限制也存在如下缺点。

（1）寿命较短，不适合连续运转的应用场合。超声电机依靠摩擦驱动，定子、转子摩擦界面上存在磨损问题，超声电机的寿命比电磁电机短很多；此外，定子的高频振动会导致压电材料的疲劳损坏，在长时间连续运转时，电机的性能将会下降。

（2）功率输出小，效率较低。超声电机工作时存在两个能量的转换过程：一是通过逆压电效应将电能转换为定子振动的机械能；二是通过摩擦作用将定子的微幅振动转化为转子（动子）的宏观运动。这两个过程都存在着一定的能量损失，特别是第二个过程。此外，弹性体内部阻尼也会引起机械损耗。因此，超声电机的输出效率要低于电磁电机。目前一般旋转型行波超声电机的效率在 30% 左右，输出功率小于 50W。

（3）对驱动信号的要求严格需要可调频超声电源，不同超声电机需要的电源相数也不同，有的还要能够调节各相电源的相位差，在电机温度变化时，还需要对激励信号的频率作适当的调节，以保持电机输出特性的稳定。因此，超声电机驱动器线路复杂、成本较高。

目前，由于以上三方面的问题没有得到很好的解决，实现超声电机产业化还有一定的困难。

6.2　超声电机的分类

近 20 多年来，出现了各种原理、形式和结构的超声电机，但是超声电机的分类一直比较模糊。在超声电机的研究过程中，最核心的问题是在一定形状的金属/压电复合弹性体中激励出何种振动形态以生成驱动轨迹，因此绝大多数研究者采用电机振动形式为主要标准来给超声电机分类。基于这个分类标准，以下归纳总结了直至目前各类具有代表性的超声电机及其基本工作原理。

6.2.1　驻波型超声电机

驻波型超声电机是指在定子弹性体中激励出弯曲振动驻波，通过将驱动齿布置于驻波的特定位置使得齿端随驻波的周期振动而产生椭圆或斜线等具有驱动作用的振动轨迹。

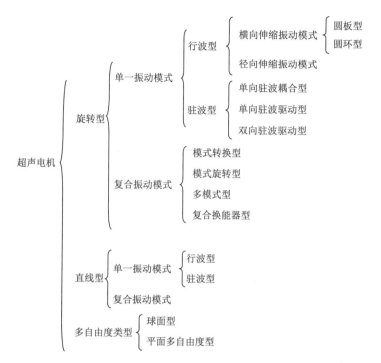

　　图 6-1 所示为一种圆板型旋转驻波超声电机。其工作原理：压电陶瓷片黏接于圆盘形金属体上形成定子弹性复合体，压电陶瓷片和金属圆盘通过粘接方式构成弹性复合体，压电陶瓷分为 12 个区，"+"和"−"代表陶瓷极化方向，"A"和"B"代表电机的两相，6 个驱动齿均布于每两个极化方向相同区之间，定子弹性体采用 B13 弯振模态工作，齿在径向的位置位于节圆。图 6-1 右侧为沿圆周向展开图，当对 A 相通电 B 相短路时，驱动齿端生成倾斜振动轨迹，推动转子向左运动，反之，B 相通电 A 相短路，倾斜振动轨迹改变方向，转子向右运动。

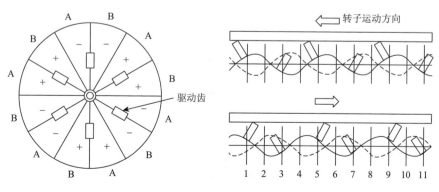

图 6-1　工作于 B13 模式下的旋转驻波超声电机

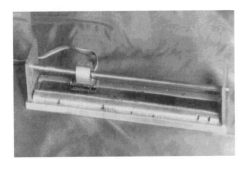

图 6-2　双向驻波直线超声电机

同理，驻波驱动也可应用于直线电机和多自由度电机。图 6-2 为 He 等[1]提出的一种双向驻波直线超声电机，是利用矩形复合薄板中 B4 和 B3 两种振动模式实现超声电机的双向运动。图 6-3 为 Roh 等[2]提出的改进结构，通过在金属振子上下表面粘贴具有 1/4 波长空间相位差的压电陶瓷片，用同相位和反相位的两种驱动电压来改变振子驻波节点的位置，这种方法同样也可以实现双向驱动。图 6-4 为 Chen 等[3]提出的一种夹心式双向驻波直线电机，该电机利用压电金属复合梁的 B4 和 B3 两种振动模式实现超声电机的双向运动。

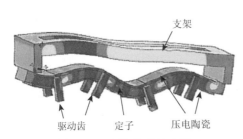

图 6-3　双面陶瓷驻波电机

图 6-4　夹心式双向驻波直线电机

　　驻波型超声电机的优点在于可以使用单相激励、驱动电路和控制方法简洁、结构简单、出力大；缺点在于速度波动大、不易实现双向驱动，而实现双向直线驱动时两个运动方向机械输出性能指标有一定差异。

6.2.2　行波型超声电机

　　行波型超声电机是在弹性体中激励出行进的板波，从而使弹性体驱动表面质点获得具有驱动作用的椭圆轨迹振动。其中，圆环型行波超声电机采用时间和空间正交的两组驻波合成周向行波，其具体工作方式是通过粘接于圆环上的压电陶瓷片的 d31 工作模式在定子弹性体中激励出两列相同振型的弯曲驻波，通过对压电陶瓷的合理分区，使两列驻波在周向空间上相距 1/4 波长，若两列驻波电信号的相位差为 π/2，则两列驻波叠加为同频周向行波；若相位差为 -π/2，行波行进方向相反。图 6-5 为圆环结构行波超声电机。图 6-6 为李有光等[4]研制的贴片式圆筒型行波超声电机，该电机利用沿周向均布的 28 片压电陶瓷实现定子圆筒中周向行波的激励，实现了柱面驱动。

图 6-5 圆环型行波电机结构

图 6-6 圆筒型行波电机结构

基于行波生成的基本原理，衍生出很多变种的行波型超声电机，例如，摇头型电机、利用薄圆环定子面内弯曲振动模态的面内行波型超声电机。从致动机理上来说，只要是以一定的时间差在弹性体中激励出具有一定位置关系同频同型的模态，并且叠加后于弹性体特定位置生成具有驱动功能振动轨迹的超声电机，都可归于广义行波型超声电机范畴。

行波的传播方式决定了采用圆环或者圆筒等轴对称结构比较容易激励出行波，所以通常的行波电机都是旋转运动的。实现直线运动的行波电机容易形成行波传播的反射，所以必须解决行波在振子上的传播问题，如在振子的两端分别加上激励和吸收行波的换能器，如图 6-7 所示，但导致结构复杂，效率也不高。文献[5]提出了在振子的两端采用硅胶来增加阻尼防止行波反射的方法，但采用这种方法来实现行波直线超声电机的效率不高。

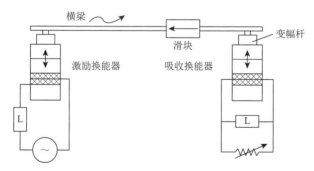

图 6-7 使用两个夹心换能器的行波直线超声电机

相对于行波直线超声电机，旋转行波超声电机以其结构简单，力矩、效率均较高，驱动、控制性能好的特点，一直是超声电机研究领域的主要研究对象，也是目前世界上研究最成熟和产业化最成功的超声电机。

6.2.3　复合型超声电机

复合型超声电机主要是在定子弹性复合体上激励出频率相同但模态不同的振动，通常是一种模态提供正压力，而另一种模态提供驱动力，使定子和转子产生相对运动。复合型超声电机结构形式多种多样，而且新的结构也不断出现，比较成熟的复合型超声电机主要有纵扭和纵弯复合超声电机。

纵扭复合超声电机采用由压电陶瓷和定子基体构成的弹性复合体的纵振和扭振工作，使驱动表面质点产生椭圆轨迹的振动，并通过定子和转子之间的摩擦耦合实现致动输出，其结构如图 6-8 所示。其中，纵振提供定子与转子之间的正压力；扭振提供输出力矩。纵振压电陶瓷和扭振压电陶瓷单独驱动，可方便调节椭圆轨迹长短轴半径，从而实现输出力矩的调节，并且通过改变两路驱动信号的相位差来调节速度和运动方向。

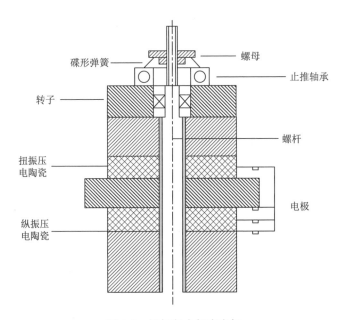

图 6-8　纵扭复合超声电机

纵弯复合超声电机主要用于制作直线电机，采用换能器的纵振和弯曲振动来实现驱动。其代表性的结构如图 6-9 所示，这是陕西师范大学应用声学研究所的 Lin[6] 提出的一种非常简单实用的纵弯复合超声电机，它由 BM（后端金属体）、L（纵振压电陶瓷）、FP（弯振压电陶瓷）、FM（前端金属体）组成。基于细棒的纵振和弯振理论，对于不同阶数的 Langevin 振子的纵振和弯振的复合振动模式，有

到了由于加入压电陶瓷后的修正表达式，实现了纵振和弯振的频率简并。图 6-10 为日本学者 Yun 等[7]于 2001 年提出的一种夹心换能器式纵弯复合直线超声电机，该电机采用定子弹性体 1 阶纵振和 2 阶弯振工作，通过调整结构参数使两种振动特征频率一致，在粘有驱动足的圆柱体端部叠加成为椭圆驱动轨迹[7]。图 6-11 为赵学涛等[8]提出的纵弯复合三自由度超声电机，该电机定子为十字正交型纵弯复合振动模态驱动器，驱动器工作在两向纵振、一向弯振的组合状态，通过纵振和弯振之间的合理组合，实现了驱动足三维空间内椭圆轨迹振动的激励，并将振动输出集中在聚能器驱动足部位，成功实现了三自由度驱动。

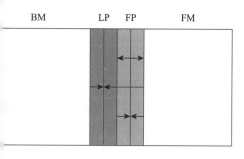

图 6-9　纵弯复合超声电机

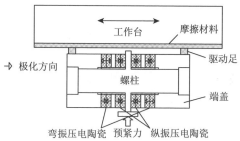

图 6-10　夹心换能器式纵弯复合
直线超声电机

弯振振型

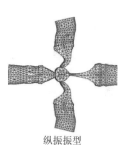

纵振振型

图 6-11　纵弯复合三自由度超声电机

　　复合型超声电机是超声电机研究的热点，其优点是结构设计灵活、转矩或推力大、速度快；缺点是需要进行模态简并，目前有关模态简并的理论还不成熟，有待进一步研究。

6.3　超声电机机电耦合能量转换机制

　　超声电机的第一个工作阶段是电机定子的机电耦合阶段。在这个阶段电机定子在交变电压的激励下产生微观超声振动，相应地，输入的交变电能转化为电机定子的微观振动能。由于压电效应的可逆性，这个阶段中，超声电机的机械能和电能之间相互转化。超声电机定子的输入电能到振动能之间的转化效率是超声电机的研究热点之一，其具体表征为超声换能器的有效机电耦合系数。超声换能器的有效机电耦合系数的定义为：在机械谐振状态下，一个无负载、无损耗的压电超声振子的机械能和总能量的比值的平方根。对超声电机机电耦合阶段的研究涉及电场、应力场、温度场等多物理场之间的耦合，需要结合弹性力学、压电学、振动力学等相关学科的知识进行研究。

纵振模态是夹心式超声电机最常用的工作模态之一。夹心结构的超声电机采用螺纹连接进行预紧，其压电陶瓷工作于高机电耦合能力的 d33 模式，能够有效地提高超声电机的输出性能。本章选取纵振模态的夹心超声换能器作为研究对象，对其机电耦合环节的工作机理进行研究，并建立了有效机电耦合系数的数学模型。基于该数学模型，分析了纵振压电陶瓷激励位置对有效机电耦合系数的影响，并利用 MATLAB 编程进行数值仿真，获得了使有效机电耦合系数最大的压电陶瓷激励位置。最后，本章研制了若干压电陶瓷处于不同激励位置处的纵振模态夹心超声换能器样机，并对其有效机电耦合系数进行测试，从而对数学模型进行实验验证。

如图 6-12 所示为夹心式纵振超声换能器的结构图。该纵振换能器由后端盖、两片压电陶瓷片、指数型变幅杆及绝缘层组成。换能器的后端盖与变幅杆部分通常为金属材料；两片压电陶瓷片均沿厚度方向极化且极化方向相反，分布于后端盖和变幅杆的中间。变幅杆截面设计为变截面指数型，有助于放大振幅和振速。变幅杆和后端盖通过螺栓连接，并将两片压电陶瓷夹紧，使压电陶瓷处于压应力状态。如图 6-12（b）所示，L_1、L_2、L_3、L_4 和 L_p 分别代表纵振换能器各个部分的轴向尺寸。

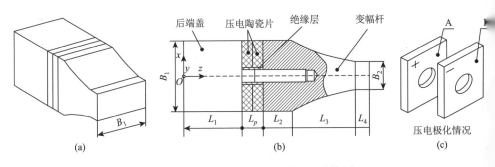

图 6-12　夹心式纵振超声换能器结构图

该夹心式纵振超声换能器由金属材料和压电陶瓷材料组成，因此建模时，将该纵振换能器等效为一个压电金属复合梁。由图 6-12 可知，由于材料和截面的不同，本章将该纵振换能器分为五个部分。其中，L_1、L_2、L_4 和 L_p 为等截面部分，L_3 为变截面部分。

对于等截面部分，由弹性体的振动理论，纵振换能器沿轴向纵振的微分方程为

$$\frac{\partial^2 \phi_i}{\partial \tau^2} = \frac{E_i}{\rho_i} \frac{\partial^2 \phi_i}{\partial z^2} \tag{6-1}$$

该方程有如下通解：

$$\phi_i(z) = C_i \sin(\omega z \sqrt{\rho_i / E_i}) + D_i \cos(\omega z \sqrt{\rho_i / E_i}) \tag{6-2}$$

进一步，可以求出纵振换能器截面力的表达式如下：

$$P_i(z) = C_i E_i A_i \omega \sqrt{\rho_i / E_i} \cos(\omega z \sqrt{\rho_i / E_i}) - D_i E_i A_i \omega \sqrt{\rho_i / E_i} \sin(\omega z \sqrt{\rho_i / E_i}) \tag{6-3}$$

式中，ρ_i 为密度，单位为 kg/m³；E_i 为弹性模量，单位为 Pa；A_i 为截面积，单位为 m²；ω 为圆频率，$\omega = 2\pi f$；f 为频率，单位为 Hz；C_i、D_i 为常数系数；$i = 1, 2, 4, p$ 对应四个等截面部分。

对于变截面部分 L_3，其截面尺寸为轴向坐标 z 的函数，具体如下：

$$A(z) = A_1 \exp\left(-\frac{z}{L_3} \ln \frac{B_1}{B_2}\right) \tag{6-4}$$

式中，B_1、B_2 为变截面部分的尺寸，单位为 m；A_1 为截面积，$A_1 = B_1^2$，单位为 m²。

如图 6-13 所示为变截面部分 L_3 微元的受力情况，微元的受力平衡方程可以写为

$$\rho_3 A(z) \mathrm{d}z \frac{\partial^2 \phi(z,\tau)}{\partial \tau^2} = \left(P(z) + \frac{\partial P(z)}{\partial z} \mathrm{d}z\right) - P(z) \tag{6-5}$$

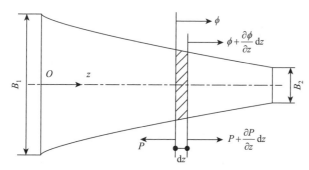

图 6-13　变截面部分微元的受力情况

通过引入中间变量 $m = -[\ln(B_1 / B_2)] / L_3$，式（6-5）可以简化为

$$\frac{\partial^2 \phi}{\partial \tau^2} = \frac{E}{\rho_3} \frac{\partial^2 \phi}{\partial z^2} + \frac{Em}{\rho_3} \frac{\partial \phi}{\partial z} \tag{6-6}$$

在正弦激励下有 $\phi(z,\tau) = \phi_0 \exp(j\omega\tau)$ ，式（6-6）变为如下的微分方程：

$$\frac{\partial^2 \phi}{\partial z^2} + m\frac{\partial \phi}{\partial z} + \frac{\rho\omega^2}{E}\phi = 0 \qquad (6\text{-}7)$$

通过求解式（6-7），可以求得变截面部分的纵振位移和截面力如下：

$$\begin{cases} \phi_3(z) = C_3 \exp(r_1 z) + D_3 \exp(r_2 z) \\ P_3(z) = E_3 A_1 \exp[-(z/L_3)\ln(B_1/B_2)][C_3 r_1 \exp(r_1 z) + D_3 r_2 \exp(r_2 z)] \end{cases} \qquad (6\text{-}8)$$

式中，C_3、D_3 为常数系数；$r_{1,2}$ 为中间变量，$r_{1,2} = (-m \pm \sqrt{m^2 - 4\rho_3\omega^2/E_3})/2$。

将五个部分进行组装，可以获得整个纵振换能器的振动位移和截面力：

$$\begin{cases} \phi(z) = \phi_1 H(L_1 - z) + \phi_p H\!\left(\sum_{i=1,p} L_i - z\right) H(z - L_1) \\[2mm] \quad + \phi_2 H\!\left(\sum_{i=1,2,p} L_i - z\right) H\!\left(z - \sum_{i=1,p} L_i\right) + \phi_3 H\!\left(\sum_{i=1,2,3,p} L_i - z\right) H\!\left(z - \sum_{i=1,2,p} L_i\right) \\[2mm] \quad + \phi_4 H\!\left(\sum_{i=1,2,3,4,p} L_i - z\right) H\!\left(z - \sum_{i=1,2,3,p} L_i\right) \\[3mm] P(z) = P_1 H(L_1 - z) + P_p H\!\left(\sum_{i=1,p} L_i - z\right) H(z - L_1) \\[2mm] \quad + P_2 H\!\left(\sum_{i=1,2,p} L_i - z\right) H\!\left(z - \sum_{i=1,p} L_i\right) + P_3 H\!\left(\sum_{i=1,2,3,p} L_i - z\right) H\!\left(z - \sum_{i=1,2,p} L_i\right) \\[2mm] \quad + P_4 H\!\left(\sum_{i=1,2,3,4,p} L_i - z\right) H\!\left(z - \sum_{i=1,2,3,p} L_i\right) \end{cases}$$

$$(6\text{-}9)$$

式中，$H(z)$ 为单位阶跃函数。

为了求得自由振动状态下换能器纵振模态的特征频率，设置换能器的两端自由，于是纵振换能器位移和力的边界条件如表 6-1 所示。

表 6-1　纵振换能器边界条件

截面的轴向位置	边界条件
$z = 0$	$P_1(z=0) = 0$
$z = L_1$	$\phi_1(z=L_1) = \phi_p(z=0);\quad P_1(z=L_1) = P_p(z=0)$
$z = L_1 + L_p$	$\phi_p(z=L_p) = \phi_2(z=0);\quad P_p(z=L_p) = P_2(z=0)$
$z = L_1 + L_p + L_2$	$\phi_2(z=L_2) = \phi_3(z=0);\quad P_2(z=L_2) = P_3(z=0)$
$z = L_1 + L_p + L_2 + L_3$	$\phi_3(z=L_3) = \phi_4(z=0);\quad P_3(z=L_3) = P_4(z=0)$
$z = L_1 + L_p + L_2 + L_3 + L_4$	$P_4(z=L_4) = 0$

将表 6-1 所示的边界条件进行整理，并写为线性微分方程的形式为

$$\boldsymbol{R} \cdot \boldsymbol{C} = 0 \tag{6-10}$$

式中，$\boldsymbol{R}$ 为特征矩阵，维数为 10×10；$\boldsymbol{C}$ 为系数向量，$\boldsymbol{C} = [C_1, D_1, C_2, D_2, C_3, D_3, C_4, D_4, C_p, D_p]^{\mathrm{T}}$。

通过 MATLAB 编程使特征矩阵 $\boldsymbol{R}$ 的行列式值为 0，可以求得纵振换能器的谐振频率。将纵振的谐振频率代入振型函数，并进行归一化处理，可以获得纵振换能器的振型曲线。如图 6-14 所示为令系数 $C_1 = 1$ 时，所得的纵振换能器一阶纵振模态自由振动的振型曲线示意图。

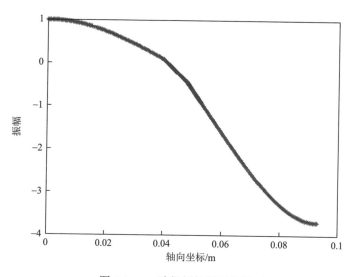

图 6-14　一阶纵振的振幅曲线

根据连续弹性体振动理论可知，该振幅曲线符合弹性体的自由振动规律。由纵振换能器各部分材料及截面积的不同，轴向坐标为 0～0.04 的部分材料刚度大，振幅绝对值较小；中间轴向坐标为 0.04～0.05 的部分为压电陶瓷；后面轴坐标为 0.05～0.095 的部分，材料刚度较小，截面形状为指数型变截面，这部分幅的绝对值明显增大，在超声电机中通常利用这部分进行驱动。图 6-14 同时表，指数型变截面能够有效地放大振幅。

在纵振超声换能器工作过程中，换能器的机械能和电能之间相互转化。从机等效的角度看，换能器的压电陶瓷就像一个动态的平行板电容器，随着纵振换器的振动，压电陶瓷不断地进行充放电。该动态平行板电容器的电容分为一个态电容和一个动态电容。其中，静态电容与换能器压电陶瓷的结构及材料参数关；动态电容与整个换能器的振动特性有关。通过求解动态电容和静态电容，以获得纵振换能器的有效机电耦合系数。

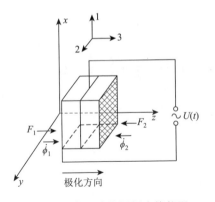

图 6-15　夹心式纵振超声换能器
压电陶瓷片的工作原理

如图 6-15 所示为夹心式纵振超声换能器的两片压电陶瓷片的工作原理图。由图可知，两片纵振压电陶瓷片沿厚度方向极化，且电学并联。本章采用的压电陶瓷片的截面尺寸远大于其厚度尺寸，可以认为压电陶瓷片横向截止，采用 h-型压电方程描述其工作状态较为方便。

如式（6-11）所示为 h-型压电方程：

$$\begin{cases} T_3 = c_{33}^D S_3 - h_{33} \boldsymbol{D}_3 \\ \tilde{\boldsymbol{E}}_3 = -h_{33} S_3 + \beta_{33}^S \boldsymbol{D}_3 \end{cases} \quad (6\text{-}11)$$

式中，T_3 为 z 轴方向的应力，单位为 Pa；S_3 为 z 轴方向的应变；$\boldsymbol{D}_3$ 为 z 轴方向的电位移矢量，单位为 C/m²；$\tilde{\boldsymbol{E}}_3$ 为 z 轴方向的电场强度矢量，单位为 V/m，上标～用来区别弹性模量；c_{33}^D、h_{33}、β_{33}^S 为压电常数。

对于单片压电陶瓷而言，陶瓷片两端的电压可以通过对电场强度的积分求得，如式（6-12）所示：

$$V = \int_0^t \tilde{\boldsymbol{E}}_3 \mathrm{d}z = -h_{33}(\phi|_{z=t} - \phi|_{z=0}) + \beta_{33}^S \boldsymbol{D}_3 t \quad (6\text{-}12)$$

式中，ϕ 为纵振换能器的振型函数；t 为压电陶瓷片厚度，单位为 m。

式（6-12）经过变形和简化，可以变为

$$nV = -\frac{n^2}{\mathrm{j}\omega C_0}(\dot{\phi}|_{z=t} - \dot{\phi}|_{z=0}) + \boldsymbol{D}_3 A_1 h_{33} \quad (6\text{-}13)$$

式中，n 为机电转换系数，$n = A_1 h_{33}/(\beta_{33}^S t)$；$C_0$ 为静态电容，$C_0 = A_1/(\beta_{33}^S t)$，单位为 F；$A_1$ 为压电陶瓷的截面积，单位为 m²。

由于夹心式纵振超声换能器的两片压电陶瓷片电学并联，整个换能器的机电转换系数和静态电容值可以表达为

$$\begin{cases} n = A_1 h_{33}/(2\beta_{33}^S t) \\ C_0 = A_1/(2\beta_{33}^S t) \end{cases} \quad (6\text{-}14)$$

由式（6-14）可知，夹心式纵振换能器静态电容 C_0 的表达式类似于平行板电容器的表达式。因此，换能器的静态电容反映了其静态电学性能。

由机电等效的观点可知，纵振换能器的动态电容反映了换能器纵振时的动态刚度特性。从能量的角度看，动态电容越大，反映出换能器纵振时所存储的弹性势能越大。根据这个思路，本章通过求解纵振换能器的弹性势能来获得纵振换能器的动态刚度。

纵振换能器由金属端盖、金属变幅杆和压电陶瓷组成。其中，金属部分为向同性的，其弹性势能可以通过对应力和应变的乘积进行积分求得；压电陶瓷

各向异性的，其弹性势能与振动形式及形变形式有关。因此，本章将金属部分的弹性势能和压电陶瓷部分的弹性势能分开求解。

首先，由弹性力学的知识，可以写出纵振换能器金属部分单位体积所储存的弹性势能密度的表达式：

$$u_i = \frac{1}{2} E_i S_i^2 = \frac{1}{2} E_i \left(\frac{\mathrm{d}\phi_i}{\mathrm{d}z} \right)^2 \tag{6-15}$$

式中，E 为弹性模量，单位为 Pa；S 为应变；ϕ 为振型函数；$i = 1, 2, 3, 4$，分别代表纵振换能器的四段金属部分。

对式（6-15）进行体积积分，就可以求出对应部分弹性势能的表达式：

$$U_i = \int_{V_i} u_i \mathrm{d}V = \frac{1}{2} \int_{V_i} E_i S_i^2 \mathrm{d}V = \frac{1}{2} E_i \int_{V_i} \left(\frac{\mathrm{d}\phi_i}{\mathrm{d}z} \right)^2 \mathrm{d}V \tag{6-16}$$

式中，V_i 为第 i 部分的体积，单位为 m^3。

由于纵振换能器的金属部分有等截面部分和变截面部分，等截面部分的截面积为常数，变截面部分的截面积是坐标的函数，因此，本章分别给出等截面部分和变截面部分所储存的弹性势能的表达式如式（6-17）和式（6-18）所示：

$$U_i = \int_{V_i} u_i \mathrm{d}V = \frac{1}{2} \int_{V_i} E_i S_i^2 \mathrm{d}V = \frac{1}{2} E_i A_i \int_0^{L_i} \left(\frac{\mathrm{d}\phi_i}{\mathrm{d}z} \right)^2 \mathrm{d}z \tag{6-17}$$

$$U_3 = \frac{1}{2} E_3 \int_0^{L_3} A_1 \exp\left(-\frac{z}{L_3} \ln \frac{B_1}{B_2} \right) \left(\frac{\mathrm{d}\phi_3}{\mathrm{d}z} \right)^2 \mathrm{d}z \tag{6-18}$$

式中，$i = 1, 2, 4$，代表等截面部分；A 为截面积，单位为 m^2；L_3 为变截面部分的轴向长度，单位为 m；B_1 为变截面部分大端宽度，单位为 m；B_2 为变截面部分小端宽度，单位为 m。

对于纵振换能器的压电陶瓷部分，由于压电陶瓷为各向异性的，其单位体积的弹性势能由其振动方向决定，本章中的压电陶瓷是沿厚度方向振动，且认为陶瓷片横向截止，其单位体积的弹性势能密度可以表示为

$$u_p = \frac{1}{2} c_{33}^D S_3^2 \tag{6-19}$$

对式（6-19）进行体积积分，即可求出压电陶瓷部分的弹性势能如式（6-20）所示：

$$U_p = \int_{V_p} \frac{1}{2} c_{33}^D S_3^2 \mathrm{d}V = \frac{1}{2} c_{33}^D A_1 \int_0^{L_p} \left(\frac{\mathrm{d}\phi_p}{\mathrm{d}z} \right)^2 \mathrm{d}z \tag{6-20}$$

中，c_{33}^D 为压电陶瓷厚度振动方向的刚度系数，单位为 Pa；L_p 为压电陶瓷部分轴向长度，单位为 m。

纵振换能器的总弹性势能为各部分弹性势能之和：

$$U = \sum_{i=1}^{4} U_i + U_p \qquad (6\text{-}21)$$

利用弹性势能和刚度之间的关系，本节求得换能器纵振时动态刚度的表达式为

$$K = 2U / \bar{\phi}^2 \qquad (6\text{-}22)$$

式中，$\bar{\phi}$ 为平均位移函数，可以由式（6-23）求得：

$$\bar{\phi} = \sum_{i=1,2,3,4,p} \frac{L_i}{\sum\limits_{j=1,2,3,4,p} L_j} \int_0^{L_i} \phi_i \mathrm{d}z \Big/ L_i \qquad (6\text{-}23)$$

根据机电等效原理，纵振超声换能器的工作过程可以由图 6-16 所示的机电等效电路来表示。图 6-16（a）中，左侧部分为电学臂，由激励电压 V、电流 I 和静态电容 C_0 组成；右侧部分为机械臂，由动态刚度 K、惯性 J、负载力 F 及平均振速 $\dot{\bar{\phi}}$ 组成。当换能器在零负载状态下纵振时，将图 6-16（a）所示等效电路的机械臂通过机电转换并入电学臂，可得纵振换能器的纯电学等效电路如图 6-16（b）所示。

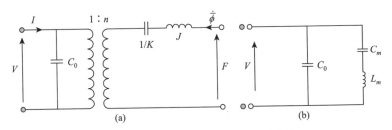

图 6-16　纵振超声换能器机电等效电路

由上述转换过程可知，动态电容 C_m 和动态电感 L_m 分别反映了换能器纵振的动态刚度 K 和惯性 J，它们之间的对应关系如式（6-24）所示：

$$\begin{cases} C_m = n^2 / K \\ L_m = n^2 J \end{cases} \qquad (6\text{-}24)$$

根据有效机电耦合系数的定义，写出其表达式为

$$k_e = \sqrt{\frac{C_m}{C_0 + C_m}} \qquad (6\text{-}25)$$

式中，C_0、C_m 分别为静态电容和动态电容，单位为 F。

压电陶瓷的激励位置对超声换能器的有效机电耦合系数有显著影响。对于章的夹心式纵振超声换能器而言，其压电陶瓷的激励位置可以用换能器后端盖

长度 L_1 来表示。在此，需要对纵振换能器各部分的材料和结构参数进行设定，并进一步分析纵振压电陶瓷的激励位置对有效机电耦合系数的影响。当超声换能器用于超声电机的定子时，其变幅杆部分通常采用弹性模量较小的材料，以获得更大的振幅；而后端盖部分则通常采用弹性模量较大的材料。本节中，变幅杆部分的材料设定为 2A12 硬铝合金，后端盖部分的材料设定为 45#钢，压电陶瓷采用 PZT-4。各部分的材料参数如表 6-2 及式（6-26）～式（6-28）所示，纵振换能器的结构参数如表 6-3 所示。

$$c^E = \begin{bmatrix} 15 & 8.4 & 6.8 & 0 & 0 & 0 \\ 8.4 & 15 & 6.8 & 0 & 0 & 0 \\ 6.8 & 6.8 & 12.9 & 0 & 0 & 0 \\ 0 & 0 & 0 & 3.3 & 0 & 0 \\ 0 & 0 & 0 & 0 & 2.8 & 0 \\ 0 & 0 & 0 & 0 & 0 & 2.8 \end{bmatrix} \times 10^{10} \qquad (6\text{-}26)$$

$$d = \begin{bmatrix} 0 & 0 & 0 & 0 & 5 & 0 \\ 0 & 0 & 0 & 5 & 0 & 0 \\ -1.6 & -1.6 & 3.3 & 0 & 0 & 0 \end{bmatrix} \times 10^{-10} \qquad (6\text{-}27)$$

$$\varepsilon^T = \begin{bmatrix} 8.1 & 0 & 0 \\ 0 & 8.1 & 0 \\ 0 & 0 & 6.7 \end{bmatrix} \times 10^{-9} \qquad (6\text{-}28)$$

式中，c^E 为压电陶瓷的刚度系数矩阵，单位为 N/m^2；d 为压电陶瓷的压电常数矩阵，单位为 C/N；ε^T 为压电陶瓷的介电常数矩阵，单位为 F/m。

表 6-2　纵振换能器各部分材料参数

部件	材料	密度 $\rho/(10^3\text{kg/m}^3)$	弹性模量 $E/(10^9\text{N/m}^2)$	泊松比 ν
后端盖	45#钢	7.8	210	0.3
变幅杆	硬铝合金	2.81	72	0.3
压电陶瓷	PZT-4	7.6	—	—

表 6-3　纵振换能器结构参数　　　　　　单位：mm

L_1	L_2	L_3	L_4	L_p	B_1	B_2	D
L_1	$57-L_1$	23	5	8	20	10	20

换能器的纵振谐振频率和有效机电耦合系数都会随着压电陶瓷激励位置的变化而变化。压电陶瓷激励位置的变化影响了换能器的整体刚度及质量分布，从而使纵振谐振频率发生变化。压电陶瓷的位置变化同样影响了换能器纵振时的动态

刚度特性，从而使有效机电耦合系数发生变化。本节通过改变结构尺寸 L_1 和 L_2，从而改变压电陶瓷激励位置。如图 6-17 所示为有效机电耦合系数和纵振谐振频率随压电陶瓷激励位置的变化情况。

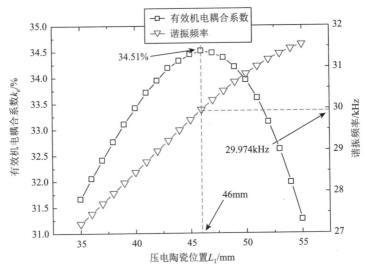

图 6-17　有效机电耦合系数和纵振谐振频率随压电陶瓷激励位置的变化

　　图 6-17 表明，纵振换能器的谐振频率随着压电陶瓷位置 L_1 的增大而增大。这是由于压电陶瓷位置的变化影响了换能器的整体刚度：随着 L_1 的增大，后端盖（刚度较大）的长度增大，使得整个换能器的刚度增大，从而使换能器的纵振谐振频率增大。随着压电陶瓷位置 L_1 的增大，有效机电耦合系数的变化规律为先增大后减小，大约在 $L_1 = 46$mm 处，有效机电耦合系数有峰值点 34.51%，此时的纵振谐振频率为 29.974kHz。因此，在设计换能器时，应该将压电陶瓷布置在有效机电耦合系数的该峰值点处。

　　如图 6-18 所示，当 $L_1 = 46$mm 时，由式（6-9）可以画出纵振超声换能器一阶纵振振动位移和截面力的比例曲线。其中，实线为振动位移的比例曲线，该曲线表明纵振超声换能器处于一阶纵振模态；虚线为纵振超声换能器一阶纵振时截面力的比例曲线，该曲线显示换能器两端的截面力为零，符合一阶纵振的截面力特点。纵振压电陶瓷片的厚度为 8mm，故位于 46～54mm 的曲线代表纵振压电陶瓷片的位置。这段曲线所对应的纵振超声换能器的截面力的绝对值为最大值，对应的振动位移为 0，是纵振超声换能器的波节位置。该结果符合纵振超声换能器将压电陶瓷布置于波节位置的基本原则。因此，可以得到如下结论：利用本章建立的夹心式纵振超声换能器的机电耦合模型能够准确地找出纵振压电陶瓷的励位置，为设计过程提供理论依据。

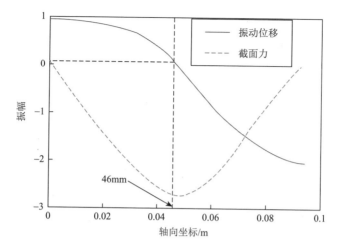

图 6-18　换能器一阶纵振的振动位移和截面力比例曲线（$L_1 = 46\text{mm}$）

　　如图 6-19 所示，本章研制了五个纵振超声换能器实验样机，并将它们编号为 A、B、C、D、E，五个纵振超声换能器的纵振压电陶瓷分布位置逐渐变化。压电陶瓷采用 PZT-4。表 6-4 给出了五个纵振超声换能器样机的结构尺寸。

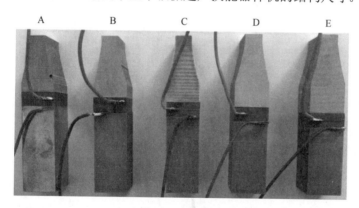

图 6-19　纵振超声换能器实验样机

表 6-4　纵振超声换能器样机结构参数　　　　　　　　单位：mm

换能器	L_1	L_2	L_3	L_4	L_p	B_1	B_2
A	52	5	23	5	8	20	10
B	49	8	23	5	8	20	10
C	46	11	23	5	8	20	10
D	43	14	23	5	8	20	10
E	40	17	23	5	8	20	10

　　本节首先对五个纵振超声换能器样机的振动特性进行测试，测试装置为德国 Polytec 公司的 PSV-400-M2 型扫描激光测振仪。如图 6-20 所示为纵振超声换能器样机振动特性测试的示意图。如图 6-20（a）所示，本节选取纵振超声换能器的变幅杆小端面作为测试表面，激光束垂直照射到测试表面上。图 6-20（b）给出了振型测试的照片。测试过程中，将一个 20～40kHz 的扫频信号输入纵振超声换能器，激光束逐渐扫描测试表面。

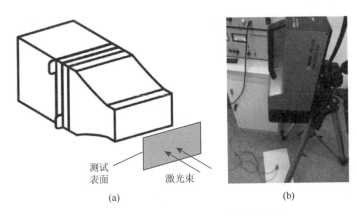

測試
表面　　　激光束
　　　（a）　　　　　　　　　　（b）

图 6-20　纵振超声换能器振动特性测试

　　如图 6-21 所示为纵振超声换能器振动特性测试的结果。振型测试中，在五个纵振超声换能器上加载了相同的激励电压。图 6-21（a）所示为纵振超声换能器的振型测试结果。由于五个纵振超声换能器测试表面的振型相同，只是振幅不同，本节只展示出换能器 A 测试表面的振型。图 6-21（a）的振型表明，五个纵振超声换能器均处于一阶纵振模态。图 6-21（b）所示为五个纵振超声换能器的振速频率响应曲线。由图 6-21（b）可知，纵振超声换能器 A～E 一阶纵振的模态特征频率分别为 30.586kHz、29.993kHz、29.301kHz、28.882kHz、28.031kHz。同时，由图 6-21（b）还可以看出，五个纵振超声换能器的模态特征频率从 A～E 逐渐降低，这是由压电陶瓷激励位置的不同引起换能器整体刚度的降低导致的，这个变化规律与图 6-17 中模态特征频率的变化规律相对应。此外，图 6-21（b）还进一步表明，五个纵振超声换能器测试表面的振速大小从 A～E 逐渐变大。

　　如图 6-22 所示为实验所得的模态特征频率值与图 6-17 中的理论计算值的对比情况。由图可知，实验测得的纵振超声换能器一阶纵振的模态特征频率与理论模型的计算值变化趋势一致：均随着压电陶瓷位置 L_1 的增大而增大。由于理论模型的简化和实验中加工及装配误差，纵振模态特征频率的理论值和实验值之间存在一定的误差。通过对比可知，两者之间的最大误差发生于 $L_1 = 46$mm 处，最大误差值为 0.673kHz。

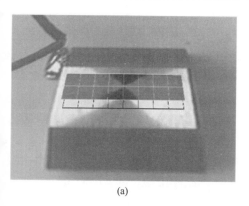
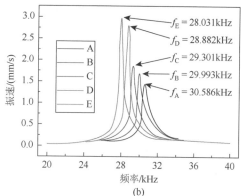

(a)　　　　　　　　　　　　　　　　　　(b)

图 6-21　纵振超声换能器振动特性测试结果（彩图扫封底二维码）

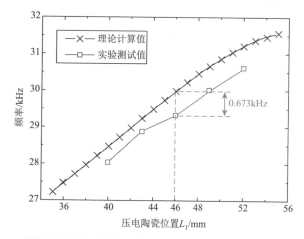

图 6-22　纵振超声换能器模态特征频率理论计算值与实验测试值对比

　　为了对上述纵振超声换能器的机电耦合模型进行验证，本节进一步对纵振超声换能器的阻抗特性进行测试。测试仪器为 Agilent 4294A 精密阻抗分析仪，如图 6-23 所示为阻抗特性测试的实验照片。

　　图 6-24 所示为五个纵振超声换能器样机一阶纵振模态的电导和电阻的测试结果。为了便于比较，本节将同一个纵振超声换能器的电导和电阻的测试结果置于同一个频率坐标中。在一阶纵振模态下，纵振超声换能

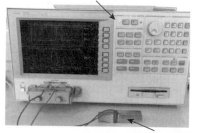

图 6-23　纵振超声换能器阻抗特性测试

器的电导和电阻分别有其自身的峰值点。当换能器的电导处于峰值点时，换能器的内部阻抗最小，所对应的频率称为纵振超声换能器的串联谐振频率，也是换能

器的模态特征频率，记为 f_s；当换能器的电阻处于峰值点时，换能器的内部阻抗最大，所对应的频率称为换能器的并联谐振频率，记为 f_p。由超声换能器基础理论可知，可以通过这两个频率求得换能器的有效机电耦合系数，如式（6-29）所示。

$$k_e^2 = 1 - f_s^2 / f_p^2 \qquad (6\text{-}29)$$

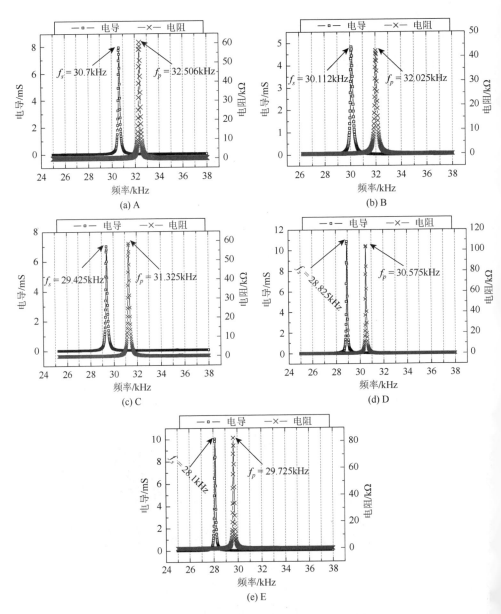

图 6-24　五个纵振超声换能器阻抗特性测试结果

　　表 6-5 列出了五个纵振超声换能器样机的串联谐振频率、并联谐振频率、有效机电耦合系数。如图 6-25 所示为有效机电耦合系数的实验值与理论值之间的对比情况。图中虚线为对实验数据利用最小二乘法进行拟合的曲线。由图可知，实验测得的纵振超声换能器的有效机电耦合系数与理论模型的计算值变化趋势一致。实验测试中，换能器 C 的有效机电耦合系数为五个换能器中的最大值。这与理论模型中有效机电耦合系数大约在 $L_1 = 46\text{mm}$ 处达到其峰值点相一致。由于理论模型的简化和实验中加工及装配误差，纵振超声换能器有效机电耦合系数的理论值和实验值之间存在一定的误差。通过对比可知，二者之间的最大误差发生于 $L_1 = 43\text{mm}$ 处，最大误差值为 0.83%。

表 6-5　五个纵振超声换能器样机的谐振频率及机电耦合系数

换能器	f_s/kHz	f_p/kHz	k_e/%
A	30.7	32.506	32.87
B	30.112	32.025	33.96
C	29.425	31.325	34.3
D	28.825	30.575	33.35
E	28.1	29.725	32.61

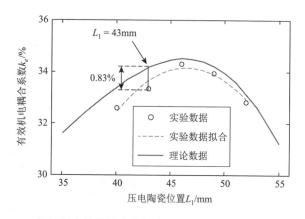

图 6-25　纵振超声换能器有效机电耦合系数理论值和实验值对比

6.4　超声电机实例

　　本节介绍两种超声电机实例：第一种超声电机为一阶纵振模态蛙型直线超声电机，采用单一振动模态与弹性拓扑结构的相互耦合进行工作；第二种超声电机为弯振复合型直线超声电机，采用两个正交的弯振模态进行工作。通过介绍两种超声电机实例，向读者展示超声电机结构设计的多样性，以及其理论、设计、仿真、加工、测试过程。

6.4.1 一阶纵振模态蛙型直线超声电机

如图 6-26 所示为一阶纵振模态蛙型直线超声电机的实验样机。为了解释一阶纵振模态蛙型直线超声电机的工作机理，本节运用 ANSYS 软件建立了该电机的有限元模型，并使用压电耦合场分析的 SOLID227 单元进行网格划分。如图 6-27 所示为该电机的有限元网格划分模型。如图 6-28 所示，通过模态分析提取了蛙型直线超声电机的一阶纵振模态，该模态分析结果可作为蛙型直线超声电机的工作原理图。

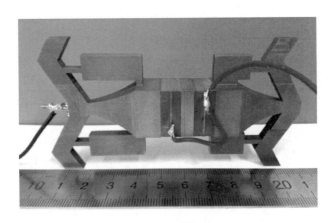

图 6-26　一阶纵振模态蛙型直线超声电机的实验样机

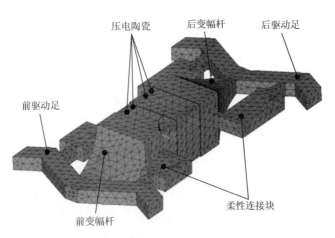

图 6-27　一阶纵振模态蛙型直线超声电机有限元网格划分模型

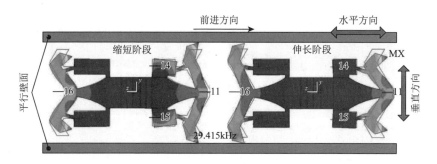

图 6-28　一阶纵振模态蛙型直线超声电机的工作原理示意图（彩图扫封底二维码）

图 6-28 表明，蛙型直线超声电机的一阶纵振模态可以分为两个阶段：缩短阶段和伸长阶段。当蛙型直线超声电机处于缩短阶段时：前驱动足张开与平行壁面接触，后驱动足收缩与平行壁面分离，与此同时，整个中间电机处于缩短状态。当蛙型直线超声电机处于伸长阶段时：前驱动足收缩与平行壁面分离，后驱动足张开与平行壁面接触，与此同时，整个电机处于伸长状态。在一阶纵振模态下，两个阶段不断地交替出现，并在电机的两个驱动足上形成了交替变化的斜线驱动轨迹。当蛙型直线超声电机的两个驱动足与两个平行壁面接触，并在垂直方向施加预紧力时，交替变化的斜线轨迹垂直分量能够克服预紧力，交替变化的斜线轨迹水平分量与整个电机的伸长缩短运动同时作用，能够在电机和平行壁面之间产生一个摩擦力，该摩擦力能够使蛙型直线超声电机沿水平方向产生直线运动。

本节在图 6-27 的有限元网格划分模型基础上，对蛙型直线超声电机进行瞬态分析，进一步提取两个驱动足的运动轨迹。在瞬态分析过程中，研究者发现两个驱动足的斜线运动轨迹对于电机性能至关重要。也就是说，为了使该蛙型直线超声电机实现直线运动，两个驱动足需要不断交替地沿着 z 轴方向运动，并且两个驱动足的步长（z 轴方向的位移）需要彼此接近。为了达到这个目标，采取了两个步骤：第一步，将四片压电陶瓷片对称地分布在中心连接件的两侧，来实现一阶纵振模态的激励，这一步能够确保中间夹心式压电换能器的两个末端具有相同的轴向位移；第二步，在第一步的基础上，利用瞬态分析手段，调节柔性连接块的连接宽度，从而使两个驱动足在 z 轴方向的位移彼此接近。

图 6-29 所示为利用瞬态分析手段对两个驱动足步长进行调整后的驱动足质点轨迹仿真结果。瞬态分析时，在蛙型直线超声电机的正负电极之间施加了有效值为 100V 的正弦电压。如图 6-29（d）所示，分别在前后两个驱动足上选取了四个顶点，并分析其运动轨迹。图 6-29（c）表明前后两个驱动足在 xyz 平面中运动轨迹为斜线。图 6-29（a）和（b）表明，两个驱动足的斜线运动轨迹之间有 180° 相位差。

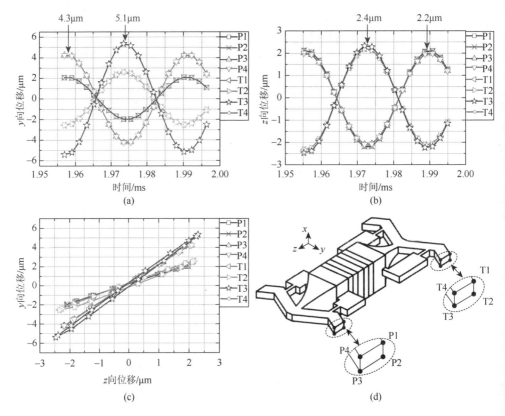

图 6-29　蛙型直线超声电机驱动足的轨迹（彩图扫封底二维码）

　　图 6-29（a）所示为两个驱动足四个顶点沿 y 轴方向的位移随时间的变化曲线。由该图可以看出，两个驱动足上相同位置的点的 y 轴方向位移彼此之间非常接近，这表明两个驱动足克服预紧力的能力相同。图 6-29（a）还表明，同一个驱动足上，不同位置的点的 y 轴方向的位移不同，但这点对于克服预紧力没有影响。此外，图 6-29（a）进一步表明，前驱动足和后驱动足在 y 轴方向的最大位移分别约为 4.3μm 和 5.1μm。

　　图 6-29（b）所示为两个驱动足四个顶点沿 z 轴方向的位移随时间的变化曲线。由该图可以看出，两个驱动足上相同位置的点的 z 轴方向位移彼此之间非常接近；同一个驱动足上，不同位置的点的 z 轴方向的位移彼此之间也非常接近。这个现象表明，两个驱动足几乎有相同的步长，它们可以协调地向前运动。此外，图 6-29（b）还表明前驱动足和后驱动足在 z 轴方向的最大位移分别约为 2.2μm 和 2.4μm。

　　为了验证理论及仿真分析，对蛙型直线超声电机样机的振动特性和机械输出特性进行测试。如图 6-30（a）所示为蛙型直线超声电机振型测试的示意图。如

图 6-30（a）所示，选取蛙型直线超声电机两个驱动足的驱动面作为测试表面，激光束垂直照射到测试表面上。图 6-30（b）给出了振型测试的照片。测试过程中，将一个 10～40kHz 的扫频信号输入蛙型直线超声电机，激光束一次扫描两个驱动表面。图 6-31 给出了蛙型直线超声电机的振型测试结果。图 6-31（a）所示为电机的振速-频率响应曲线。由该图可知，该蛙型直线超声电机在频点 28.969kHz 处有一个振动模态。为了证实这个振动模态为一阶纵振模态，提取了该频率下振动模态的振型，如图 6-31（b）和（c）所示。

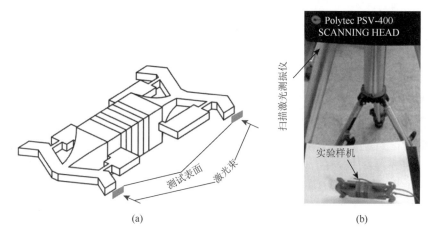

图 6-30 蛙型直线超声电机振型测试

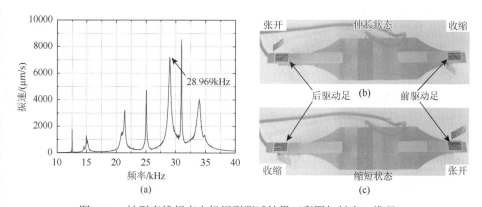

图 6-31 蛙型直线超声电机振型测试结果（彩图扫封底二维码）

由图 6-31（b）和（c）可以看出，在 28.969kHz 频点处，两个驱动足测试表面进行上下往复振动，它们之间有 180°相位差。此外，前后驱动足的测试表面除了有上下位移之外，还有一个角度旋转位移。图 6-31（b）是蛙型直线超声电机伸长状态的振型。此状态下，电机的前驱动足收缩，与平行壁面分离；电机的后驱动足张开，与平行壁面接触。图 6-31（c）是蛙型直线超声电机缩短状态的振型。此状态下，电机前驱动足与后驱动足的振动行为与伸长状态下的振动行为相反。上述对图 6-31（b）和（c）振动行为的描述，与图 6-28 中模态分析的两个振动状态完全吻合。因此，28.969kHz 频点处的振动模态正是蛙型直线超声电机的一阶纵振模态。

由图 6-31（b）和（c）还可以看出，伸长状态和缩短状态的任一状态下，前后两个驱动足的振动幅度都非常接近，伸长状态下都为红色，缩短状态下都为绿色。这表明前后两个驱动足具有相同的步长及相同的克服预紧力的能力。此外，振型测试所得的一阶纵振特征频率 28.969kHz［图 6-31（a）］与模态分析所得的一阶纵振特征频率 29.415kHz（图 6-28）的误差为 0.446kHz。造成该误差可能的原因是：①电极片厚度很小，模态分析时将其忽略；②加工及装配过程中的误差。

为了进一步验证图 6-29 中瞬态分析所得的驱动足振幅的正确性，本节选取前驱动足上的 P4 点，对其 y 轴方向和 z 轴方向的振幅进行单点测试。瞬态分析中，在电机的正负电极之间加入了有效值为 100V 的正弦电压。然而，研究者所用激光测振仪速度采集卡的最大测速量程为 0.5m/s，在电机的正负电极之间加入有效值为 100V 的正弦电压会使速度采集卡过载。因此，单点测试过程中，本节在该样机的正负电极上施加了有效值为 50V（瞬态分析电压的一半）的正弦电压。所获得 P4 点在 y 轴方向和 z 轴方向的振动速度分别为 0.38m/s 和 0.2m/s。由振幅和振速之间的关系 $[A = v/(2\pi f)]$ 可以算出，P4 点在 y 轴方向和 z 轴方向的振幅分别为 2.09μm 和 1.09μm。因此可以看出，该振幅约为瞬态分析中 y 轴方向和 z 轴方向振幅（4.3μm 和 2.2μm）的一半，从而可以证明瞬态分析驱动足振幅的正确性。

如图 6-32 所示，本节进一步对蛙型直线超声电机的机械输出性能进行了测试。如图 6-32（a）所示，蛙型直线超声电机被固定在夹持装置上，夹持装置则固定在一个滑块上，它们可以沿着导轨 1 滑动。两个平行壁面分别被固定在两个滑块上，它们通过调整预紧力螺栓在导轨 2 上滑动。蛙型直线超声电机的两个驱动足与两个平行壁面接触。如图 6-32（b）所示，用细线将一个滑轮砝码装置系在电机末端，实现机械负载的加载。

如图 6-33 所示为激振频率为 28.9kHz 时，蛙型直线超声电机的空载输出速度与激励电压的关系曲线。其中，预紧力为 10N。该图显示，蛙型直线超声电机在激励电压为 275V（峰峰值）时，获得最大空载输出速度为 287mm/s。如图 6-34 所示为不同预紧力下，蛙型直线超声电机的输出速度与输出推力的曲线。该图显示，在预紧力为 60N 和 250V 峰峰值激励电压的作用下，该电机获得最大推力为 11.8N。

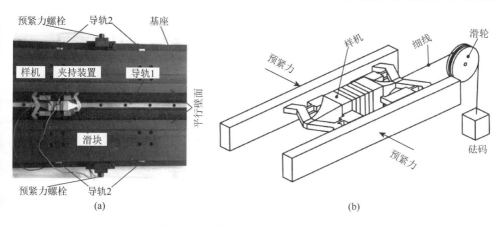

图 6-32　机械输出性能测试实验装置

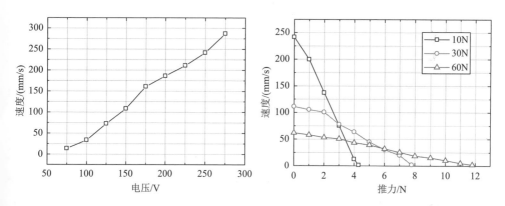

图 6-33　空载输出速度与激励电压的关系　　图 6-34　不同预紧力下的输出速度和输出推力

6.4.2　弯振复合型直线超声电机

如图 6-35 所示为弯振复合型直线超声电机的三维结构图。该电机由两个对称分布的夹心式弯振超声换能器和中间驱动足组成。每个夹心式弯振超声换能器由两片整片的压电陶瓷片、指数变幅杆和后端盖组成。两片压电陶瓷片极化方向相反。指数变幅杆用来放大振幅和振速，两个指数变幅杆与驱动足为线切割一体件，材料为 2A12 硬铝合金；后端盖材料为 45#钢；压电陶瓷的材料为 PZT-4。如图 6-36 所示，后端盖与指数变幅杆通过螺纹连接，将压电陶瓷片夹于换能器中，且在压电陶瓷片、电极片和螺栓之间有绝缘层；根据材料和截面的不同，图 6-36 将该弯振复合型直线超声电机分为 9 个部分：L_1、L_2、L_3 和 L_5 为等截面部分，L_4 为变截面部分，图中进一步标出了各部分的截面位移 ξ、截面转角 ψ、截面弯矩 M 和截面剪力 Q，以供后续分析使用。

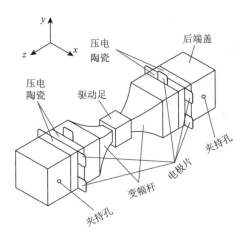

图 6-35　弯振复合型直线超声电机三维结构图

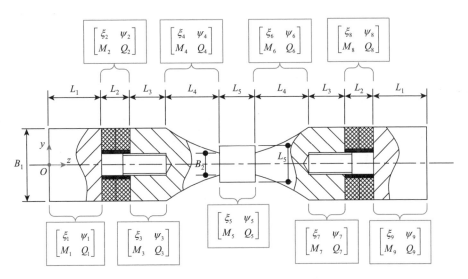

图 6-36　弯振复合型直线超声电机详细尺寸

　　弯振复合型直线超声电机采用两个正交方向的三阶弯振，在驱动足处形成具有驱动作用的椭圆轨迹。由于结构的对称性，两个正交方向的弯振频率非常接近，不需要进行频率简并。如图 6-37 所示为一个周期内电机的运动过程。

　　该电机的运动过程可以分为以下四个阶段。

　　（1）$t = nT \sim (n + 1/4)T$ 的时间段：电机振型经历图 6-37（1）状态到图 6-37（2）状态的变化。与此同时，驱动足由 y 轴正方向最高点沿逆时针方向运动到 x 轴负方向最左点，驱动足与动子处于分离状态。

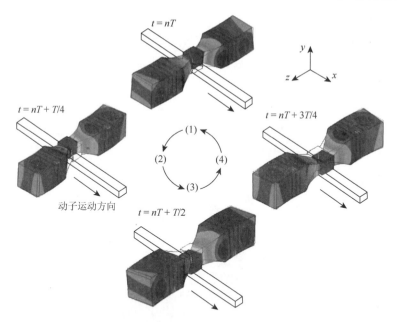

图 6-37　弯振复合型直线超声电机工作原理示意图（彩图扫封底二维码）

（2）$t = (n + 1/4)T \sim (n + 1/2)T$ 的时间段：电机振型经历图 6-37（2）状态到图 6-37（3）状态的变化。与此同时，驱动足由 x 轴负方向最左点沿逆时针方向运动到 y 轴负方向最低点，驱动足与动子由分离状态逐渐变为接触状态。

（3）$t = (n + 1/2)T \sim (n + 3/4)T$ 的时间段：电机振型经历图 6-37（3）状态到图 6-37（4）状态的变化。与此同时，驱动足由 y 轴负方向最低点沿逆时针方向运动到 x 轴正方向最右点，驱动足与动子由接触状态逐渐变为分离状态。

（4）$t = (n + 3/4)T \sim (n + 1)T$ 的时间段：电机振型经历图 6-37（4）状态到图 6-37（1）状态的变化。与此同时，驱动足由 x 轴正方向最右点沿逆时针方向运动到 y 轴正方向最高点，驱动足与动子处于分离状态。

定子振型经历（1）—（2）—（3）—（4）—（1）的过程，驱动足驱动动子沿 x 轴正方向运动。通过调整激励电压的相位，可以实现动子的反向运动。

通常情况下，需要用两组弯振压电陶瓷来激励两个方向的弯振，要求两路有 90° 相位差的激励电压，如图 6-38 所示为通常情况下的压电陶瓷分布。为了使两个方向弯振的有效机电耦合系数都达到最优，需要把两组压电陶瓷分别置于其最佳激励位置上。但由于弯振复合型直线超声电机的结构对称性，两组弯振压电陶瓷共用一个最佳激励位置，所以无法同时满足两组压电陶瓷都在其最佳激励位置上。为了使两组压电陶瓷均能位于最佳激励位置，本节提出分区激励的方式，如图 6-39 所示。

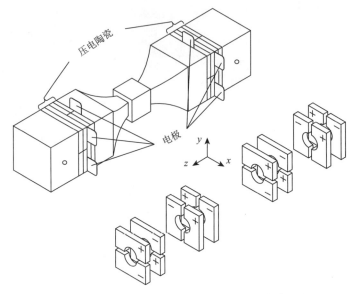

图 6-38　通常情况下两个方向弯振的压电陶瓷分布

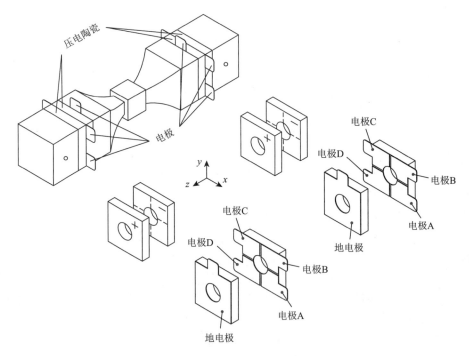

图 6-39　分区激励的压电陶瓷分布

　　该分区激励方式的优点有：①压电陶瓷当量为传统方式的 50%；②使用整片压电陶瓷，便于安装。然而，由于使用分区激励，该激励方式比图 6-38 所示的激励方式更复杂：首先，需要将每片压电陶瓷分为四个分区，压电陶瓷分区的质量直接影响电机的性能；其次，分区激励的方式导致激励电压数量的增加，本章的弯振复合型直线超声电机需要使用四相电压进行激励。如图 6-40 所示为四相激励电压的示意图，A、B、C、D 四相电压的相位依次相差 90°。

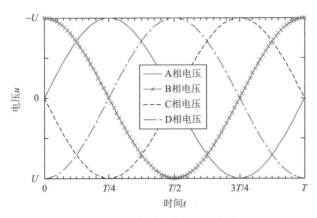

图 6-40 四相激励电压示意图

在上述四相激励电压的激励下，弯振复合型直线超声电机的振动情况如下。

（1）$t = 0 \sim 1/4T$ 的时间段：A、B 两相电压为正，C、D 两相电压为负，电机振型为图 6-37（2）所示的状态。

（2）$t = 1/4T \sim 1/2T$ 的时间段：A、D 两相电压为正，B、C 两相电压为负，电机振型为图 6-37（1）所示的状态。

（3）$t = 1/2T \sim 3/4T$ 的时间段：C、D 两相电压为正，A、B 两相电压为负，电机振型为图 6-37（4）所示的状态。

（4）$t = 3/4T \sim T$ 的时间段：B、C 两相电压为正，A、D 两相电压为负，电机振型为图 6-37（3）所示的状态。

因此，电机的运行状态为（2）—（1）—（4）—（3）—（2），电机的输出速度方向正好与图 6-37 所示的方向相反。

根据表 6-6 所确定的弯振复合型直线超声电机的结构参数，利用 ANSYS 软件建立电机的有限元模型，并进行瞬态分析，分析时在该弯振复合型直线超声电机的正负电极之间施加了有效值为 100V 的正弦电压，设定激励频率为 30.092kHz。如图 6-41（a）所示为电机驱动足的运动轨迹的仿真结果。

表 6-6 弯振复合型直线超声电机的最终结构参数   单位：mm

L_1	L_2	L_3	L_4	L_5	B_1	B_2
17	4	6	15	10	20	8

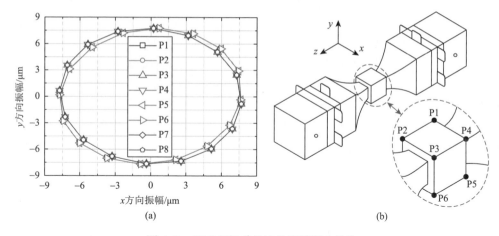

(a)
(b)

图 6-41　驱动足运动轨迹仿真及顶点选取

如图 6-41（b）所示，选取弯振复合型直线超声电机驱动足的八个顶点（P1～P8），提取其运动轨迹。图 6-41（a）表明，该电机驱动足八个顶点的运动轨迹都为 xy 平面的正椭圆。另外，驱动足的八个顶点的运动轨迹一致性很强，其中，P1、P2、P5、P6 点的轨迹几乎完全重合，P3、P4、P7、P8 点的轨迹也几乎完全重合。x 方向和 y 方向的最大振幅都约为 7.5μm，因此，八个顶点的运动轨迹几乎为正圆。

如图 6-42 所示，根据表 6-6 所列出的结构参数，研制了弯振复合型直线超声电机的实验样机，样机质量为 0.185kg。压电陶瓷的四个分区分别用四相电压进行激励，用四根红色的导线连接；电机本体接地，用黑色导线连接。电机后端盖上设立夹持孔。由图 6-37 中电机的振动模态可以看出，夹持孔的位置设置在振动位移为 0 的波节处，这样设置使得夹持孔对电机弯振振型的影响很小，不影响弯振复合型直线超声电机发挥其输出性能。

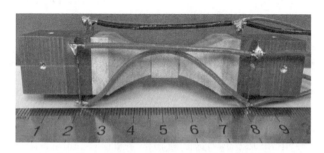

图 6-42　弯振复合型直线超声电机实验样机

本节分别对弯振复合型直线超声电机两个方向的弯振振型进行测试。测试装置为德国 Polytec 公司的 PSV-400-M2 型扫描激光测振仪。

如图 6-43 所示为弯振复合型直线超声电机振型测试。如图 6-43（a）所示，本节选取弯振复合型直线超声电机的两个侧面作为测试表面，激光束垂直照射到测试表面上。图 6-43（b）给出了振型测试的照片。测试过程中，将一个 0～50kHz 的扫频信号输入弯振复合型直线超声电机，激光束分两次扫描两个电机侧面。由于该电机采用分区激励，以图 6-37 中 yz 平面的弯振模态为例，说明振型测试的接线方法。对应图 6-37，当测试 yz 平面的弯振模态时，将电机的地电极悬空，电极 A 和电极 B 为一组，电极 C 和电极 D 为另一组，两组电极分别与测试系统的高电平端和低电平端相连。

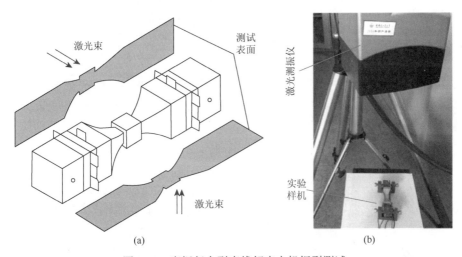

图 6-43　弯振复合型直线超声电机振型测试

如图 6-44 所示为弯振复合型直线超声电机的振型测试结果。图 6-44（a）所示为弯振振型 A 的振型及振速-频率响应曲线。由该图可知，弯振振型 A 为三阶弯振模态，模态特征频率为 29.531kHz。图 6-44（b）所示为弯振振型 B 的振型及振速-频率响应曲线。由该图可知，弯振振型 B 也为三阶弯振模态，模态特征频率为 29.664kHz。将两图对比可以看出，两个弯振模态特征频率处的振速峰值大小几乎相等，驱动足工作状态下的运动轨迹应该接近正圆，这与有限元仿真结果相吻合。两个方向三阶弯振的模态特征频率相差 0.133kHz，这主要是由加工、装配及测试时的夹持误差引起的。

为了进一步验证图 6-41 中瞬态分析所得的驱动足振幅的正确性，选取前驱动足上的 P1 点，对其 x 轴方向和 y 轴方向的振幅进行单点测试。瞬态分析中，在电机的正负电极之间加入了有效值为 100V 的正弦电压，所得的 P1 点 x 轴方向和 y 轴方向的振幅约为 7.5μm。然而，本实验室激光测振仪速度采集卡的最大测速量程为 0.5m/s，由振速和振幅之间的关系可知，该激光测振仪所能测得的最大振幅为 2.65μm。因此，单点测试过程中，在该样机的正负电极上施加了有效值为 25V（瞬态分析电压的 1/4）的正弦电压。所获得 P1 点在 x 轴方向和 y 轴方向的振动速度分别为 0.356m/s 和 0.348m/s。由振幅和振速之间的关系可以算出，P1 点在 x 轴方向和 y 轴方向的振幅分别为 1.9μm 和 1.854μm，该振幅约为瞬态分析中 x 轴方向和 y 轴方向振幅（7.5μm）的 1/4。因此，证明了瞬态分析驱动足振幅的正确性。

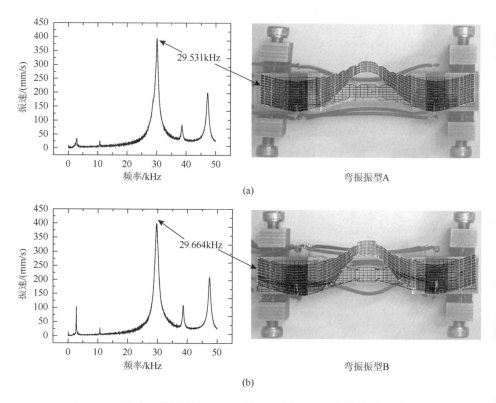

图 6-44　弯振复合型直线超声电机振型测试结果（彩图扫封底二维码）

本节进一步对弯振复合型直线超声电机的机械输出性能进行了测试。如图 6-45 所示为所搭建的实验平台。弯振复合型直线超声电机被固定在两个夹持块上，夹持块通过定位螺钉定位在电机的夹持孔处，电机的驱动足与导轨 1 的表面接触，可以驱动导轨 1 进行直线运动；两个夹持块通过螺栓连接固定在固定件 2 上，固定件 2 则通过导轨-滑块系统与固定件 1 连接，固定件 2 可以沿着导轨 2 上下滑动，以便于施加预紧力；固定件 1 通过螺栓固定在基座上。

在振型测试中，两个弯振模态的模态特征频率分别为 29.531kHz 和 29.664kHz。在输出性能测试中，电机的激振频率选取上述两个值的平均值 29.598kHz。测试中，分别用相位间隔为 90°的四相谐波电压进行激励。

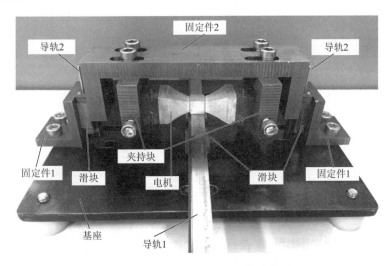

图 6-45　机械输出性能测试实验装置

如图 6-46 所示为激振频率为 29.725kHz 时，弯振复合型直线超声电机的空载输出速度与激励电压的关系曲线。由于弯振电机驱动足是通过线切割加工而成，其表面粗糙度较大，因此对驱动足表面进行打磨，打磨之后的驱动足表面粗糙度为 $Ra = 0.429\mu m$。实验中，预紧力为 30N。该图显示，弯振复合型直线超声电机在峰峰值为 250V 的激励电压下，获得最大空载输出速度为 850mm/s。

如图 6-47 所示为预紧力分别为 30N 和 60N 时，弯振复合型直线超声电机的输出速度与输出推力的曲线。该图显示，在预紧力为 60N 和 250V 峰峰值激励电压的作用下，该电机获得最大推力为 23N。该电机的自身质量为 185g，压电陶瓷体积为 5596mm³，最大出力密度为 124.3N/kg。

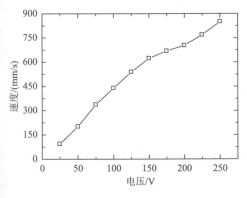

图 6-46　空载输出速度与激励电压的关系

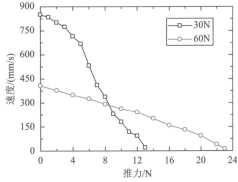

图 6-47　不同预紧力下的输出速度和输出推力的关系

参 考 文 献

[1]　He S Y，Chen W S，Tao X，et al. Standing wave bi-directional linearly moving ultrasonic motor[J]. IEEE Transactions on Ultrasonics Ferroelectrics and Frequency Control，1998，45（5）：1133-1139.

[2]　Roh Y，Kwon J. Development of a new standing wave type ultrasonic linear motor[J]. Sensors and Actuators A-Physical，2004，112（2/3）：196-202.

[3]　Chen W S，Shi S J. A bidirectional standing wave ultrasonic linear motor based on Langevin bending transducer[J]. Ferroelectrics，2007，350（5）：102-110.

[4]　李有光，陈在礼，陈维山，等. 柱面驱动新型行波超声电机的研究[J]. 西安交通大学学报，2008，42（11）：1391-1393.

[5]　Roh Y，Lee S，Han W. Design and fabrication of a new traveling wave-type ultrasonic linear motor[J]. Sensors and Actuators A-Physical，2001，94（3）：205-210.

[6]　Lin S Y. Study on the Langevin piezoelectric ceramic ultrasonic transducer of longitudinal-flexural composite vibrational mode[J]. Ultrasonics，2006，44（1）：109-114.

[7]　Yun C H，Ishii T，Nakamura K，et al. A high power ultrasonic linear motor using a longitudinal and bending hybrid Bolt-Clamped Langevin type transducer[J]. Japanese Journal of Applied Physics，2001，40（5B）：3773-3776.

[8]　赵学涛，陈维山，郝铭. 纵弯复合多自由度超声电机的研究[J]. 西安交通大学学报，2009，43（8）：107-111.

索　引

J

K

M

Q

S